放流中华鲟在长江中下游的降河洄游运动规律

姜　伟　朱佳志　李志远　陈　磊等著

科学出版社

北　京

内 容 简 介

本书是一本全面、详细介绍中华鲟降河洄游行为特征的著作。基于中国长江三峡集团有限公司中华鲟研究所 2014～2021 年人工放流子二代中华鲟声呐标记追踪工作，本书对中华鲟的物种概况、繁殖群体现状、洄游运动研究进展及其物种保护历程进行回顾，详细阐述中华鲟声学监测网络的构建，并依托该声学监测网络对中华鲟在放流初期的环境适应，降河洄游过程中的速度变化特征、沿江通过率、空间分布及其沿江误捕情况进行细致而深入的描述，并为后续开展中华鲟保护工作提出一些建议。本书既有中华鲟降河洄游运动规律的专业性研究，又有鱼类声学监测网络建设的应用技术展示，资料翔实可靠，研究内容针对性强。

本书可供从事中华鲟及其他珍稀濒危鱼类保护工作的科技工作者和管理人员参考阅读。

图书在版编目（CIP）数据

放流中华鲟在长江中下游的降河洄游运动规律 / 姜伟等著. -- 北京：科学出版社, 2024. 8. -- ISBN 978-7-03-079208-2

Ⅰ. Q959.46

中国国家版本馆 CIP 数据核字第 2024V2M122 号

责任编辑：何　念　汪宇思/责任校对：高　嵘
责任印制：彭　超/封面设计：无极书装

科 学 出 版 社 出版
北京东黄城根北街 16 号
邮政编码：100717
http://www.sciencep.com
武汉精一佳印刷有限公司印刷
科学出版社发行　各地新华书店经销

*

开本：787×1092　1/16
2024 年 8 月第　一　版　　印张：9 1/2
2024 年 8 月第一次印刷　　字数：194 000
定价：139.00 元
（如有印装质量问题，我社负责调换）

《放流中华鲟在长江中下游的降河洄游运动规律》
编 委 会

主　编：姜　伟

副主编：李志远　陈　磊　朱佳志

编　委：（以汉语拼音为序）

陈　磊　党莹超　郗星晨　管　敏

郭文韬　胡凡旭　黄　涛　黄安阳

姜　伟　李　博　李　莎　李茂华

李志远　苏　巍　吴　川　杨元金

俞兆曦　张　琪　朱佳志

中华鲟是长江水生生物保护的旗舰物种，自 20 世纪 80 年代葛洲坝水利枢纽工程建设以来，中华鲟物种保护工作受到了广泛的关注。中国长江三峡集团有限公司中华鲟研究所于 1983 年取得中华鲟人工繁殖成功，自 1984 年开始实施中华鲟增殖放流，截至目前已连续 40 年向长江流域放流中华鲟，放流总数超过 600 万尾。每一次放流中华鲟，对参与保护的工作者来说，都是当年工作的阶段性结束，而对于放流野外的中华鲟来说，却是要脱离人们的细心呵护，开启另一段更为艰辛的自然旅程。自中华鲟放流工作开展以来，科研工作者们也一直在尝试回答以下问题：如此庞大数量的人工繁育中华鲟进入自然水体后，能否适应新环境？他们进入新环境后的生存状况如何？有多少比例可以顺利进入大海？这些放流个体对中华鲟自然种群的补充效果如何？

早期受限于标记追踪技术的发展水平，科研工作者只能通过标记牌、染色标记等手段开展研究，但获取的数据偏差较大。随着标记追踪技术的发展，科研工作者有了更多的技术选择来开展此项工作。中国长江三峡集团有限公司中华鲟研究所于 2014 年启动了人工放流中华鲟声呐标记追踪工作，沿着长江中下游江段组建了中华鲟声学监测网络。通过大量的、长期的监测，我们对放流中华鲟进入自然水体后的适应情况、降河洄游过程的洄游运动规律（沿江扩散特征、降河速度、断面分布偏好等）有了系统深入的认识。这些成果也为其他珍稀鱼类的增殖放流提供了参考。

全书共 5 章。第 1 章中华鲟自然种群状况，介绍中华鲟形态特征、地理分布和生活史各阶段的基本情况，并对中华鲟的自然繁殖种群数量变动、洄游运动研究进展和中华鲟保护历程进行回顾。第 2 章放流中华鲟的监测，介绍常用的放流个体监测方法，对中华鲟声学监测网络建设的各项关键内容进行详细描述，并针对中华鲟监测工作的局限性，为中华鲟监测工作的后续发展方向提出一些建议。第 3 章放流中华鲟的环境适应，描述放流期间宜昌江段的水文特征，介绍放流前对中华鲟进行的流速适应试验及食性转换试验工作，并对放流中华鲟初次进入长江自然水体后的适应情况进行详细描述。第 4 章中华鲟在长江中下游的迁移运动，详细描述放流中华鲟在降河洄游过程中的速度变化特征、放流个体的沿江空间分布偏好、各江段通过率等关键问题，追踪监测中华鲟放流后的个体迁移路径和分布环境特征，并对近年来中华鲟在长江流域的误捕情况进行统计分析。第 5 章开展中华鲟保护工作的一些建议，基于现有工作基础和中华鲟保护工作实践，提出中华鲟后续研究工作重点内容及方向。

中华鲟的降河洄游过程，是其长江生活史阶段的重要组成部分，对这一时期个体运动行为规律的深入研究，能极大补充中华鲟全生活史研究资料。本书的出版得到了国家重点研发计划项目"长江流域大坝生物洄游通道恢复关键技术研发与应用"（2022YFC3204200），中国长江三峡集团有限公司科研项目"放流中华鲟海洋生活史研究"（WWKY-2020-0079）、"受控条件下中华鲟自然产卵试验研究"（WWKY-2021-0351）的资助。本书封面图片由中国三峡出版传媒有限公司陈臣拍摄，在此一并致以衷心的感谢。我们希望本书的成果，可以为中华鲟的保护工作提供理论支撑，也可以为从事中华鲟及其他珍稀濒危鱼类保护工作的科研工作者们提供技术参考。限于作者学识有限，书中疏漏之处在所难免，恳请广大读者和同行批评指正。

姜　伟

2024 年 2 月

于中国长江三峡集团有限公司中华鲟研究所

目 录

第 1 章

中华鲟自然种群状况

1.1　物 种 概 况

　　中华鲟（*Acipenser sinensis*）是软骨硬鳞鱼类，隶属于鲟形目（Acipenseriformes）、鲟科（Acipenseridae）、鲟属（*Acipenser*），是世界现存 27 种鲟形目鱼类中分布纬度最低的鲟种。中华鲟的体形呈长梭形，头部呈三角形，躯干部（截面）呈五角形，身体前端略粗，向后渐细，腹部较平。头部腹面及侧面有许多小孔，排列呈梅花状，称为罗伦氏瓮群（也称罗伦氏器），可感受细小电位变化（王彩理 等，2002）。眼小，呈椭圆形，无眼睑和瞬膜，眼后方有喷水孔。口前有 4 条吻须，口位在腹面，闭合时呈横裂状，觅食时可伸成筒状。骨质鳃盖位于头两侧，鳃盖后缘有发达的鳃盖膜，鳃盖膜与颊部相连，膜后缘以鳃孔连通外界，鳃孔宽大，鳃耙数在 14～25。

　　中华鲟皮肤裸露，较光滑，表皮上层有黏液腺。体被覆五行纵行排列骨板，与闪光质层形成硬鳞，背面一行有 10～16 块骨板，每块骨板均呈菱形，中央有棱，上有很多小窝。体侧骨板呈三角形，26～42 块，也有棱和小窝，每侧骨板前后有小孔相通，前后连续形成侧线管孔。腹骨板形状不规则，8～16 块，无棱有小窝。体前腹侧有胸鳍一对，扁平呈叶状，水平向后外侧伸展；后部具腹鳍一对，略向两侧平展；背鳍靠近尾鳍，斜向后伸；臀鳍与尾鳍相对，向后下方伸展；肛门与尿殖孔位于腹鳍与臀鳍间；尾鳍歪形，上叶大，由两侧紧密排列的棘状菱形硬鳞支持，下叶小，由鳍条支持（图 1.1）。体色在侧骨板以上为青灰色、灰褐色或灰黄色，侧骨板以下由浅灰色逐步过渡到黄白色，腹部为乳白色，各鳍呈灰色而有浅边。

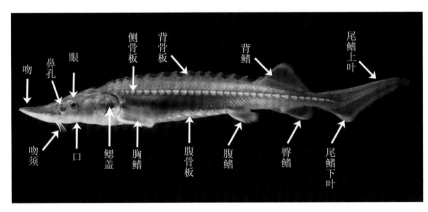

图 1.1　中华鲟幼鱼的形态特征

　　中华鲟的骨骼系统既保留了软骨，又有膜质的硬骨，且在软骨的某些部位表现出骨化现象，颅部大部分为软骨，有局部骨化现象，分界不明。中轴为未骨化的弹性脊索，外面围以结缔组织鞘，背腹侧有软骨片包围，但尚未形成完整的椎体，因此中华鲟在鱼类演化问题上是极好的研究对象。中华鲟个体较大，寿命较长（最大寿命可达 40 龄），成体的体长一般可达 250 cm，体重则达到 150 kg以上（图 1.2），最大个体可达 560 kg（庄平 等，2006），生长速度很快，是所有鲟形目鱼类中自然生长速度最快的种类，具有明显的生长优势。通常中华鲟雌鱼的自然生长速度大于中华鲟雄鱼，雄鱼平均每年增长 5～8 kg，雌鱼平均每年增长 8～13 kg。但中华鲟雌鱼性成熟较晚，一般来说，中华鲟雄鱼初次性成熟年龄为 8～18 龄，中华鲟雌鱼初次性成熟年龄则为 14～26 龄（最大年龄可达 35 龄）。受生理特征影响，中华鲟繁殖群体中的雌、雄个体的年龄结构存在显著差异，雌鱼需要更多时间发育至性成熟（危起伟 等，2005；柯福恩 等，1992；四川省长江水产资源调查组，1988；余志堂 等，1986；邓中粦 等，1985）。

图 1.2　中华鲟成体

　　中华鲟是世界鲟形目鱼类分布最南的一种，它曾经分布广泛，古人早有"鳣出江、淮、黄河、辽海深水处"的记载。实际上在我国大连市附近的渤海海域、辽东湾、辽河、山东半岛沿海海域、黄河、长江、钱塘江、宁波市沿海海域、瓯江、闽江及珠江水系等水域，都有中华鲟的活动踪迹。在长江流域，中华鲟数量较多，最远可沿长江上溯至金沙江下游的三块石江段（宜宾市安边镇境内）；在珠江水系，中华鲟种群在春季繁殖季节，可上溯至西江的三水、封开江段，北江则游至乳源江段，甚至可至广西壮族自治区浔江、郁江、柳江水域；国外则多见于朝鲜半岛汉江口水域和日本九州岛西侧。受过度捕捞及栖息地恶化等影响，近三十年来中华鲟资源严重衰竭，分布地缩减过半。黄河、闽江均已绝迹，珠江中华鲟数量极少。目前中华鲟主要分布于我国近海及长江中下游。

　　中华鲟是底栖鱼类，视力并不发达，但视觉却是仔鱼开口摄食的第一种感觉。仔鱼主要以浮游动物为食，当其他感觉器官逐渐发育完全时，中华鲟主要依靠味觉与陷器来感知食物，即通过 4 根吻须与水环境中的微弱电场，去探测潜藏在水底的各种底栖生物（柴毅，2006）。中华鲟食谱较广，主要以一些小型的或行动迟缓的底栖动物为食，属肉食性鱼类。中华鲟幼鱼的摄食强度大，在长江下游（江苏省常熟市）以虾、蟹为主要食物，也摄食少量黄丝藻和水生维管束植物（赵峰 等，2017），在长江口水域（上海市崇明区）则主要以近海的底栖鱼类舌鳎属、鲬属、磷虾、蚬类为食（骆辉煌，2013）。中华鲟成体在海洋主要以鱼类为食，甲壳类次之，软体动物较少，食物多属营底栖生活的动物，如鲽、鳎、蟹、贝等，底栖鱼类和蟹最多，占食物总数的 85.99%（王者茂，1986），产卵期一般停食，靠消耗脂肪维持能量，产卵后亲鱼会在降河洄游过程中摄食。

　　中华鲟鱼卵属黏沉性卵，如绿豆般大小，椭圆形，灰绿色（图 1.3），受精后一般黏附于产卵场江底卵砾石上，在 18~19℃的江水中经历 120~150 h 孵化。刚出膜的仔鱼带有巨大的卵黄囊，形似蝌蚪，和其他鲟形目鱼类一样，有周期性垂直运动的游泳习性，然后随江水漂流进入下游。漂流 8 d 后，中华鲟仔鱼趋光性减弱，会找寻底质缝隙藏匿，到 11~12 d 时恢复趋光性，开口摄食（Zhuang et al.，2002）。

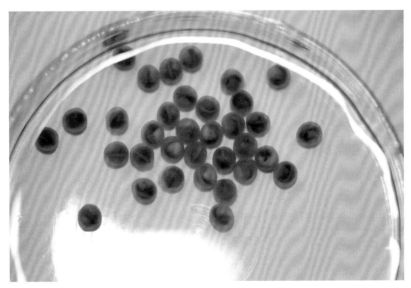

图 1.3　中华鲟受精卵形态脱黏后

　　摄食后的仔鱼会开始主动探索周围环境，在长江中下游沿岸浅水区觅食底栖动物或浮游动物，这一特性会导致部分中华鲟误将河底卵石当作底栖动物摄入（图 1.4）。春夏之交来临时，中华鲟会向长江口水域迁移，在长江口滩涂主要的饵料生物为鱼类、端足类和蟹类，多毛类和瓣鳃类等小型底栖生物也占有一定的比例（罗刚 等，2008）。进入长江口水域后，幼鱼逐渐调节机体渗透压慢慢开始适应海洋生活，进入 7 月下旬后，体长已达 30 cm 的幼鱼陆续离开长江口水域，进入浅海生活。

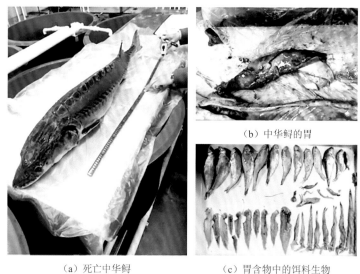

（b）中华鲟的胃

（a）死亡中华鲟　　　　　　　（c）胃含物中的饵料生物

图 1.4　2017 年长江口死亡中华鲟及其胃含物食物组成（赵峰 等，2017）

进入海洋后，中华鲟的食性会随着生长发育阶段的不同而发生转变：由幼鱼阶段的以动物性食物为主的杂食性，转变为亚成体和成体阶段的以鱼、虾蟹类为主的肉食性（赵峰 等，2017）。中华鲟卫星标记（satellite archival transmitting tag，SAT）追踪结果显示，放流中华鲟在海洋中分布于经度跨度 7°、纬度跨度 9°的长江口水域和东海及黄海沿海大陆架海域，最北到达朝鲜半岛西海岸，直线洄游距离 697 km，最东到达日本长崎县五岛列岛海域，最南到达台湾海峡的福建省宁德市海域，但主要聚集于长江口水域和舟山群岛海域（吴建辉 等，2021）。在海洋中分布的中华鲟，会在性腺即将成熟前到达长江口，为逆流而上返回产卵场做好准备。

中华鲟为典型的溯河产卵洄游型底层鱼类，是 27 种鲟形目鱼类中分布纬度最低的种类，具有产卵群体平均个体大、产卵洄游路线长等特征。在 1981 年葛洲坝截流之前，中华鲟的产卵场广泛分布在雷波冒水场（大约在今雷波县大岩洞附近，原址已于 2011 年因向家坝水电站下闸蓄水而淹没）至重庆市木洞镇之间江段，绵延约 800 km，葛洲坝截流后，葛洲坝至古老背之间江段成为中华鲟新的产卵场。每年 7～8 月，在即将到达性成熟时，中华鲟亲鱼群体会从长江口溯游而上，寻找产卵场内合适的深潭越冬，在淡水栖息一年性腺逐渐发育，待到翌年 10～11 月时，繁殖群体聚集于深潭和水流湍急的河床岩石壅积处，开始产卵繁殖（危起伟 等，2019）。

中华鲟亲鱼的体型较大，长江中初次性成熟的中华鲟雌鱼年龄一般为 14～26 龄（平均 18 龄），中华鲟雄鱼年龄为 8～18 龄（平均 12 龄）。20 世纪 70 年代的调查显示，中华鲟雌鱼的怀卵量较大，可达到 30.6 万～130.3 万粒/尾，平均64.5 万粒/尾（四川省长江水产资源调查组，1988）。中华鲟属于一次产卵、多次排精类型鱼类，其产卵间隔至少两年，产卵后雌鱼快速返回海洋，雄鱼待繁殖期完全结束后再返回。

中华鲟产卵行为的发生需要一定的水文条件刺激，流速、水位、温度、流量和含沙量是影响中华鲟产卵的重要因素。繁殖期间，中华鲟一般会选择在流速为 0.12～0.86 m/s 的区域巡游，产卵时则选择水深为 6.1～15.0 m，流速为0.62～1.16 m/s 的水域交配（陈永柏，2007）。根据对葛洲坝下中华鲟产卵场栖息地的研究，中华鲟繁殖活动适宜的流量范围为 7 000～16 000 m³/s，适宜含沙量为 0.095～0.638 kg/m³，适宜温度为 17.9～20.9 ℃（杨宇，2007）。食卵鱼类也是影响中华鲟繁殖效果的重要因素，据评估，中华鲟产出的卵有 85%以上被圆口铜鱼、黄颡鱼等鱼类所吞食（柯福恩，1999）（图 1.5）。

图 1.5　葛洲坝下中华鲟产卵场食卵鱼肠道中发现的中华鲟卵

1.2　繁殖群体现状

中华鲟繁殖群体以补充群体为主，据邓中燐等（1985）的研究，20 世纪80 年代初期中华鲟的繁殖群体中有 84%的雄鱼和 78%的雌鱼为初次性成熟的补充群体。葛洲坝水利枢纽工程建设后至 20 世纪 90 年代，雌雄性比已下降至 0.63∶1（危起伟 等，2005）。中华鲟进入长江后，要度过一段时间，性腺才能发育成熟（肖慧 等，1999；四川省长江水产资源调查组，1988；赵燕 等，1986；邓中粦 等，1985）。1981 年以来，在葛洲坝下江段捕捞的中华鲟亲鱼中，性腺成熟个体的比例也逐年上升。

据四川省宜宾市渔业社调查，葛洲坝水利枢纽工程修建前屏山至宜宾江段的中华鲟雌雄性比在（0.63∶1）～（2.00∶1）（四川省长江水产资源调查组，1988）（表 1.1）。其中，1981～1989 年，进入长江的中华鲟繁殖群体中，雌雄性比年际有波动，但总体接近 1.00∶1，1990 年以后，雌鱼的比例逐年上升，20 世纪 90 年代后期雌雄个体的比例已接近 3.00∶1。

表 1.1 1965～1975 年金沙江下游屏山至宜宾江段的中华鲟雌雄性比

（四川省长江水产资源调查组，1988）

年份	样本量/尾	雌鱼数量/尾	雄鱼数量/尾	雌雄性比	雌鱼占比/%	雄鱼占比/%
1965	13	5	8	0.63∶1	38.46	61.54
1966	21	10	11	0.91∶1	47.62	52.38
1967	24	16	8	2.00∶1	66.67	33.33
1970	32	13	19	0.68∶1	40.63	59.38
1971	31	20	11	1.82∶1	64.52	35.48
1972	49	21	28	0.75∶1	42.86	57.14
1973	48	25	23	1.09∶1	52.08	47.92
1974	53	28	25	1.12∶1	52.83	47.17
1975	47	23	24	0.96∶1	48.94	51.06
合计	318	161	157	1.03∶1	50.63	49.37

注："雌鱼占比/%""雄鱼占比/%"两列之和不为 100%由修约导致。

危起伟等（2005）搜集了宜昌江段 1981～2004 年捕获的 644 尾中华鲟亲鱼的信息，发现雌雄性比在前 9 年呈下降的趋势，从 1981～1983 年的 1.10∶1 下降到 1987～1989 年的 0.63∶1，下降了 47 个百分点；而在后 15 年里，雌雄性比迅速回升到 1990～1992 年的 1.04∶1，然后经过一个缓慢上升阶段，最后迅速增长到 2003～2004 年的 5.86∶1（表 1.2）。

表 1.2 1981~2004 年长江宜昌江段中华鲟雌雄性比（危起伟 等，2005）

年份	总数量/尾	雌鱼数量/尾	雄鱼数量/尾	雌雄性比
1981~1983	42	22	20	1.10：1
1984~1986	51	22	29	0.76：1
1987~1989	91	35	56	0.63：1
1990~1992	47	24	23	1.04：1
1993~1995	121	63	58	1.09：1
1996~1998	134	92	42	2.19：1
1999~2001	110	83	27	3.07：1
2003~2004	48	41	7	5.86：1
合计	644	382	262	1.46：1

在 1983 年我国全面禁止中华鲟的商业捕捞利用之前，中华鲟返回长江进行溯河洄游期间往往会在长江沿线形成中华鲟渔汛，沿线由此成立了一些捕捞中华鲟的专业渔业组织，中华鲟的数量估算主要来源于专业渔业组织的统计数据（四川省长江水产资源调查组，1988）。据统计，1972~1980 年全江段的年捕捞数量为 391~636 尾（表 1.3），产量为 60~80 t。1981 年葛洲坝水利枢纽工程成功实施大江截流，阻断了中华鲟洄游通道，同时由于葛洲坝下江段尚未对中华鲟亲鱼的捕捞实行正式控制，1981 年和 1982 年葛洲坝下江段中华鲟的捕捞量分别达到 1 002 尾和 642 尾。Zhou 等（2020）推测，20 世纪 70 年代，长江流域中华鲟繁殖种群超过 1 万尾，20 世纪 80 年代这一数字下降到 2 176 尾。

表 1.3 葛洲坝上下江段中华鲟历年捕捞量统计（四川省长江水产资源调查组，1988）

年份	坝上江段/尾	坝下江段/尾	全江段/尾	年平均捕获量/尾
1972	168	233	401	
1973	199	192	391	
1974	227	188	415	
1975	296	212	508	
1976	313	283	596	
1977	292	269	561	587
1978	311	302	613	
1979	355	281	636	
1980	201	327	528	
1981	161	1 002	1 163	
1982	—*	642	642	

*1981 年葛洲坝水利枢纽工程开始截流，中华鲟无法通过，因而上游捕捞量未统计。

1983～1984 年，柯福恩等（1992）在宜昌葛洲坝至古老背江段开展中华鲟标记放流重捕实验，据此估算中华鲟繁殖群体的年度资源量为 2 176 尾。常剑波和曹文宣（1999）则根据中华鲟的逐年补充量和捕捞样本中性腺未成熟个体的比例推算，1981～1990 年中华鲟繁殖群体的资源量变动在 1 022～2 879 尾，年平均资源量 2 079 尾（表 1.4）。

表 1.4　中华鲟繁殖群体历年的数量（常剑波和曹文宣，1999）

项目	年份									
	1981	1982	1983	1984	1985	1986	1987	1988	1989	1990
繁殖群体数量/尾	1 158	1 022	1 609	2 547	2 718	2 678	2 313	1 800	2 065	2 879
95%置信区间下限/尾	1 130	991	1 462	1 956	2 156	2 039	1 739	1 311	1 677	2 415
95%置信区间上限/尾	1 187	1 053	1 755	3 138	3 281	3 317	2 888	2 289	2 453	3 344

1998～2001 年，中国科学院水生生物研究所采用声呐探测方法对宜昌葛洲坝至古老背江段中华鲟繁殖群体进行了资源评估。根据探测结果推测，在葛洲坝至镇江阁江段的中华鲟繁殖群体数量大致为：1998 年 645 尾，1999 年 551 尾，2000 年 735 尾，2001 年 770 尾，平均每年 675 尾（表 1.5）。

表 1.5　1998～2001 年葛洲坝至镇江阁江段声呐探测结果及估算数量

日期	探测水域	探测时间	航行距离/km	取样面积/km²	探测数量/尾	密度/（尾/km²）	估算数量/尾
1998-10-21	葛洲坝至镇江阁	9:34～12:16	21.1	0.105 5	8	76	380
1998-11-28	葛洲坝至镇江阁	10:49～12:23	14.4	0.074 9	4	53	265
1999-10-17	葛洲坝至镇江阁	10:03～12:14	19.6	0.088 2	7	79	395
1999-11-10	葛洲坝至镇江阁	13:23～14:59	18.5	0.096 2	3	31	156
2000-10-26	葛洲坝至镇江阁	9:18～11:43	18.5	0.096 2	5	52	260
2000-10-27	葛洲坝至镇江阁	13:20～14:49	12.3	0.059 0	2	34	170
2000-10-27	葛洲坝至镇江阁	15:10～16:29	11.8	0.049 6	1	20	100
2000-12-05	葛洲坝至镇江阁	9:03～11:45	25.3	0.088 6	2	23	115
2000-12-05	葛洲坝至镇江阁	14:17～16:20	15.6	0.063 9	1	16	90
2001-06-29	葛洲坝至镇江阁	9:50～10:23	4.2	0.023 5	1	43	215
2001-06-29	西坝船厂至庙嘴	10:46～11:02	1.4	0.006 7	—	—	0
2001-06-29	葛洲坝至镇江阁	11:15～11:51	5.2	0.031 2	1	32	160

续表

日期	探测水域	探测时间	航行距离/km	取样面积/km²	探测数量/尾	密度/(尾/km²)	估算数量/尾
2001-06-29	葛洲坝至镇江阁	14:43～15:08	3.2	0.019 2	1	52	260
2001-06-29	西坝船厂至庙嘴	15:21～15:29	1.1	0.004 9	0	0	0
2001-10-26	葛洲坝至镇江阁	10:23～11:15	8.2	0.036 9	0	0	0
2001-10-26	葛洲坝至镇江阁	14:49～16:33	16.9	0.084 5	1	12	60
2001-10-27	葛洲坝至镇江阁	9:42～11:24	14.7	0.066 2	1	15	75
2001-10-27	葛洲坝至镇江阁	14:56～15:34	5.3	0.024 4	0	0	0
2001-12-06	葛洲坝至镇江阁	10:26～11:28	7.8	0.039 0	0	0	0
2001-12-07	葛洲坝至镇江阁	10:43～11:43	9.5	0.049 4	0	0	0
2001-12-07	葛洲坝至镇江阁	14:37～15:25	8.1	0.034 8	0	0	0

张慧杰等（2007）根据 2004 年葛洲坝下声学调查结果，估算 2004 年和 2005 年葛洲坝下中华鲟资源量分别为 1 453 尾和 789 尾。2005～2007 年产卵前中华鲟繁殖群体的数量分别为 235 尾、217 尾和 203 尾（陶江平 等，2009）。2013～2021 年来，仅 2016 年在长江宜昌段监测到了中华鲟的自然繁殖活动，中华鲟繁殖群体估算数量呈逐年下降趋势（刘飞 等，2019）。截至 2022 年，葛洲坝下产卵场未发现中华鲟繁殖行为，返回葛洲坝下产卵场的中华鲟数量下降至 12 尾左右。

1.3 洄游运动研究进展

鱼类以各种水体为栖息环境，大部分时间处于不断运动状态。因环境影响和生理习性要求，鱼类在生活史的不同阶段，往往会出现一种周期性、定向性和集群性的有规律的迁移运动（何大仁和蔡厚才，1998），以寻找满足特定时期所需的最优场所和条件，从而创造最有利于繁殖、育肥和越冬的条件，保证鱼类的生存和种群繁衍。不同鱼类或同一鱼类的不同群体，因遗传特性或生理需求的不同，各自形成了固定的洄游路线和偏好栖息场所，这一特性是自然选择的结果，有相当强的稳定性，不会轻易改变（危起伟 等，2019）。

中华鲟属于典型的生殖洄游型鱼类，按照中华鲟的洄游方向，其洄游过程可分为溯河洄游（anadromous migration）和降河洄游（catadromous migration）。

中华鲟的溯河洄游，也称产卵洄游（spawning migration），主要是指在海洋中完成育肥的中华鲟成熟个体回到长江口水域，并从长江口开始主动向金沙江下游和长江上游产卵场（葛洲坝截流前）或葛洲坝下产卵场（葛洲坝截流后）迁移的过程。中华鲟开始溯河洄游时，已在海洋中完成必要的能量储备，体内脂肪肥厚，性腺发育至 III 期，并开始停止摄食。在溯河洄游过程中，中华鲟并非直接洄游至产卵场，而是时走时停，有时甚至会在河道坑洼处停留数天。根据渔民描述，南风伴随水位稍涨稍落之时，中华鲟较易上溯，北风伴随水位暴涨暴落之时，中华鲟则不易上溯（危起伟 等，2019）。

葛洲坝截流前，中华鲟一般在春季（3～4 月）从长江口开始溯江产卵，在6～7 月可洄游至江苏和安徽江段，8～9 月可游至江西省九江江段，9 月下旬则可洄游至湖北江段，10～11 月最终抵达四川江段。金沙江下游和长江上游江段确认中华鲟产卵场共有 16 个，江段跨度可达 800 km；1981 年葛洲坝截流后，中华鲟亲鱼溯河洄游受到阻碍，无法上溯至葛洲坝上游江段，勉强在葛洲坝下形成了新的产卵场。葛洲坝下中华鲟产卵场分布在至喜长江大桥（原长航集团宜昌船厂有限公司地址）至胭脂坝江段，长度约为 9 km，这是我国目前已知的唯一中华鲟产卵场。1982～2012 年，中华鲟已连续 31 年在目前已知的唯一中华鲟产卵场产卵，2013 年、2014 年均未监测到野生中华鲟自然产卵，2015 年虽然未在产卵场监测到中华鲟产卵，但科研人员于 2015 年 4 月 16 日在长江口长兴岛东北侧、长江大桥以东 3.5 km 处监测到一尾野生中华鲟幼鱼（赵峰 等，2015），2015 年 6 月 15～21 日，常熟市渔政监督大队在长江口溆浦江段利用插网和深水张网等网具获得了 15 尾中华鲟幼鱼（张书环 等，2016），均为 2014 年在长江繁殖的野生中华鲟幼鱼。2016 年 11 月 24 日，中国长江三峡集团有限公司中华鲟研究所（以下简称"中华鲟研究所"）在葛洲坝下利用鱼卵收集网采集到一批中华鲟受精卵（图 1.6），并成功将其孵化。2017～2022 年均未监测到中华鲟在葛洲坝下产卵。

图 1.6　2016 年中华鲟研究所科研人员在葛洲坝下采集到的中华鲟受精卵

　　中华鲟的降河洄游，也称降河入海洄游（seaward migration），主要指产卵结束的中华鲟亲鱼从产卵场开始随水流向下游迁移至长江口的过程，当年繁殖出来的中华鲟仔鱼、幼鱼也会随中华鲟亲鱼一起进行降河洄游。中华鲟亲鱼一般在秋季（10 月中旬～11 月中旬）产卵，产卵后中华鲟亲鱼迅速离开产卵场，降河入海育肥（庄平 等，2006），其降河洄游过程历时 2～4 个月。当年繁殖出来的中华鲟仔鱼、稚鱼、幼鱼从葛洲坝下产卵场至长江口水域的洄游迁移过程历时 6～12 个月，中华鲟幼鱼进入大海时的体长可以达到 15 cm 左右（谢平，2020）。

　　中华鲟仔鱼一般会在长江中下游地区停留并开始摄食成长，直到第二年开始第二次洄游，向海洋进发（庄平，1999）。据余志堂等（1986）调查，1982 年 3 月 27 日在湖北省沙市江段采集到全长 7.8～9.4 cm 的中华鲟稚鱼 10 尾，这证明部分上一年 11 月产卵孵化出的中华鲟稚鱼，经过了近 5 个月的时间，仍停留在长江中游发育。长江水位可能影响河滨带浅水区的面积或食物丰度，从而影响中华鲟在长江中下游的洄游（危起伟 等，2019），但中华鲟何时进行第二次洄游，尚没有更多资料证实。

　　一般情况下，中华鲟受精卵在葛洲坝下中华鲟产卵场孵化后，鲟苗会随江漂流，在到达长江口索饵场之前，需在葛洲坝以下的长江中下游江段洄游、索饵、藏匿、栖息超过 6 个月时间（危起伟，2020）。中华鲟子代在长江中下游的索饵场主要位于一些河滩沙洲及江心洲的浅水区，这些区域可为中华鲟子代提供丰富的饵料生物资源，自然河滨带生境也提供了其必要藏匿场所（王恒，2014；庄平，1999）。赵燕等（1986）的研究表明，虽然葛洲坝截流导致中华鲟亲鱼和子代洄游路程缩短约 1 000 km，但是每年中华鲟受精卵在葛洲坝下中华鲟产卵场孵化后，中华鲟子代到达长江口的时间并没有发生明显的变化。然而，年度之间中华鲟子代到达长江口的高峰时间是有一定变化的（李罗新 等，2011），这可能意味着中华鲟子代在淡水中的栖息时间（降河洄游时间）受到了一些环境因素的影响，但目前其影响机制仍未明确。

　　为全面了解中华鲟降河洄游阶段行为学特性，掌握影响其迁移运动的环境因素，进而提出科学、准确的中华鲟保护建议，有必要对中华鲟的降河洄游过程开展针对性研究。国内对中华鲟的正式研究开始于 20 世纪 70 年代。

　　1983 年，中华鲟研究所与中国水产科学研究院长江水产研究所合作，成功实现了野生中华鲟亲鱼的催产，突破中华鲟的人工繁殖技术。但是因苗种培育技术落后，早期放流对象多为中华鲟仔鱼，本身成活率就极低，因此并未采取标记方法进行研究（郭柏福 等，2011）。20 世纪 80 年代后期，中华鲟研究所先后采用过剪鳍、冷烙印、挂牌等方法进行大个体中华鲟标记放流（柯福恩 等，

1984）。20 世纪 90 年代中后期，科研人员对中华鲟的研究趋于深入、系统，并取得了一系列科研成果，特别是苗种培育技术的突破，为大规格、大规模放流中华鲟奠定了技术基础。

1993 年，Kynard 等（1995）第一次在长江进行中华鲟超声波遥测技术试验，结果表明，超声波遥测能够较为精确地定位中华鲟行踪，为研究大江大河鱼类和水生野生动物的自然繁殖、洄游和分布情况增添了新的研究手段，使研究结果更加科学和准确。1996～1998 年，常剑波和曹文宣（1999）对放流中华鲟幼鱼进行荧光标记，3 年依次标记数量为：1996 年标记 10 cm 规格 3 950 尾、1997 年标记 8～12 cm 规格 8 000 尾和 1998 年标记 10～12 cm 规格 20 000 尾。估算放流中华鲟幼鱼贡献率为 1.73%～3.03%。1998～2002 年，杨德国等（2005）共开展过 4 次标记放流活动，利用金属线码标记（coded wire tag，CWT）、外挂银质标记牌等方式对放流中华鲟进行标记，并在长江常熟市浒浦江段和上海市崇明区东滩等地开展回捕工作。4 年间共回收中华鲟稚鱼样本 6 400 尾，中华鲟幼鱼样本 13 尾，检测到携带标记的中华鲟稚鱼和中华鲟幼鱼各 13 尾。据此计算出人工放流的中华鲟幼鱼降海洄游的速度平均达到 28.6 km/d，回捕时离放流点的距离为 346～2 459 km，平均 1 600 km。并初步估算出 1999 年和 2000 年人工放流个体在长江口中华鲟幼鱼种群中的贡献率分别为 2.281%和 0.997%。

2006～2008 年，林永兵（2008）采用声呐标记（也称超声波标记，ultrasonic transmitter）对非繁殖季节 18 尾捕获于长江葛洲坝下庙嘴段的野生中华鲟亲鱼的降河洄游过程进行了全程监测，发现标记中华鲟达到江阴站点的平均时间为 15.4 d，标记鱼经过各个江段的平均迁移速度为 3.63～5.42 km/h，其水深多分布在 9～18 m，即主要沿主河槽的下层水域迁移。9 尾具有完整数据的标记中华鲟在长江中的迁移和分布情况表明，中华鲟在非繁殖季节的可能主要栖息地为葛洲坝至红花套江段（距离葛洲坝 30 km），栖息水深范围 6～9 m（贴近江底），其次为红花套至枝江江段及铜陵至江阴江段。

2004～2014 年，吴建辉等（2021）在长江口水域标记放流中华鲟 12 570 尾，标记回捕中华鲟 24 尾次，回收 18 枚弹出式卫星标记（pop-up satellite archival tag，PSAT）返回数据。长江口标记放流中华鲟在放流后会短期滞留在长江口淡水环境，7 d 后才具有进入海洋的行为，与此同时，中华鲟进入海洋后，其迁移方向会出现随机性，在迁移过程中具有折返、转向、停滞的特征。陈锦辉等（2011）分别于 2006 年和 2008 年在长江口放流了 14 尾携带 PSAT 的中华鲟幼鱼，中华鲟幼鱼放流后 1 个月内即进入海洋生活，标记鱼在监测期 6 个月内正常成活，分布北起朝鲜西海岸，南至我国福建省沿海的经度跨度为 40°，纬度跨度为 90° 的沿海大陆架海域，最大洄游距离为 697 km。2010 年，赵峰等（2010）研究了中华鲟 PSAT 固定的方法，包括预埋体的制作、植入及标记悬挂等技术，并对其应用效果进行了评价。2010～2013 年，王成友等（2016）在厦门市九龙江口共标记放流了 258 尾 4～12 龄中华鲟（全长 142～210 cm），其中 13 尾个体使用了 PSAT。放流后共收集到 10 尾 PSAT 个体的迁移和分布位点信息，掌握了中华鲟在海区的空间分布特征和迁移速度，为后期深入研究中华鲟在海区的生境选择特征提供有价值的数据。

2014～2021 年，中华鲟研究所持续开展子二代中华鲟声呐标记追踪工作，累计放流标记中华鲟超过 318 尾。通过长期而细致的研究工作，中华鲟研究所获取了大量珍贵的中华鲟降河洄游和海洋分布数据（Wu et al.，2017），为中华鲟行为学研究和物种保护提供了宝贵的资料，为后期深入研究中华鲟在海区的生境选择特征提供有价值的数据，也为该物种的海洋保护和管理提供理论依据。

1.4　中华鲟保护历程

长江是我国生物多样性最具典型性的生态河流，被誉为我国淡水渔业的摇篮，水生生物基因的宝库。近年来，党中央、国务院高度重视长江生态环境保护和水生生物资源养护工作。中华鲟作为长江流域特有的大型江海洄游型鱼类，其地理分布范围广，生活史过程和种群丰度与栖息区域环境质量紧密相关，是反映长江与海洋生态状况的重要指示物种。20 世纪 80 年代，长江中华鲟繁殖群体数量为 2 000 多尾，至 20 世纪 90 年代下降至 500 多尾，至 2000 年后已不足 200 尾，2019 年估算的产卵场中华鲟繁殖群体数量仅为 16 尾（农业农村部长江流域渔政监督管理办公室 等，2020），至 2020 年已下降至约 12 尾，中华鲟物种延续面临着严峻挑战。

针对中华鲟面临的困境，在国家有关部门的政策指导下，各科研单位同心协力，在立法保护、增殖放流（stock enhancement and release）、科学研究、栖息地保护等方面开展了的一系列保护工作，中华鲟保护管理工作取得了许多重要成果，对中华鲟物种生存与延续产生了一定积极意义。

1983 年，我国全面禁止中华鲟的商业捕捞利用，规定每年用于人工繁殖和其他相关研究工作的捕捞数量控制在 100 尾左右。同年，葛洲坝三三〇工程局水产处（中华鲟研究所前身，见附图 1）与中国水产科学研究院长江水产研究所合作，利用葛洲坝下捕获的中华鲟亲鱼进行人工催产获得成功。

1984 年，葛洲坝三三〇工程局水产处开始进行中华鲟鱼苗的人工放流。

1985 年，葛洲坝三三〇工程局水产处利用人工合成的促黄体素释放激素类似物（luteinizing hormone-releasing hormone analogues，LRH-A）催产中华鲟获得成功。

1986 年，第六届全国人民代表大会常务委员会第十四次会议通过《中华人民共和国渔业法》。

1988 年，第七届全国人民代表大会常务委员会第四次会议通过《中华人民共和国野生动物保护法》，中华鲟被列入我国首次公布的重点保护野生动物名录，确定为一级保护物种。

1993 年，国务院批准，农业部（2018 年撤销，成立中华人民共和国农业农村部）令第 1 号发布《中华人民共和国水生野生动物保护实施条例》。

1994 年，经国务院环境保护委员会同意，原国家环境保护局会同相关部门发布了《中国生物多样性保护行动计划》，确定了中华鲟为鱼类优先保护物种。

1995 年，中华鲟苗种培育技术获得突破，可培育出 10 cm 以上幼苗。

1996 年，长江湖北宜昌中华鲟省级自然保护区批准建立。

1997 年，中华鲟被列入濒危野生动植物种国际贸易公约（Convention on International Trade in Endangered Species of Wild Fauna and Flora，CITES）附录 II 保护物种。

1998 年，中华鲟研究所起草行业标准《中华鲟人工繁殖技术规程》（SL/T 215—98）。同年，《中国濒危动物红皮书》出版，中华鲟被列为濒危级别。

1999 年，中华鲟科研捕捞数量调减为 50 尾。

2002 年，农业部发布《关于在长江流域试行春季禁渔制度的通知》，长江中下游开始试行禁渔期制度。同年，上海批准建立了长江口中华鲟自然保护区。

2009 年，中华鲟研究所联合水利部中国科学院水工程生态研究所，取得了中华鲟全人工繁殖技术的突破。

2010 年，中华鲟被世界自然保护联盟（International Union for Conservation of Nature，IUCN）升级为极危级（critically endangered，CR）保护物种。

2013 年，中华鲟研究所成功利用人工诱导雌核发育技术繁育出中华鲟，完成了中华鲟单性繁殖技术的突破。

2015 年，农业部印发《中华鲟拯救行动计划（2015—2030 年）》。

2021 年，农业农村部印发《长江生物多样性保护实施方案（2021—2025 年）》，提出总体目标："到 2025 年，中华鲟、长江江豚、长江鲟等珍稀濒危物种资源保护将取得阶段性成效"。

2022～2023 年，中华鲟研究所连续 2 年实现 20 万尾以上的中华鲟幼鱼规模化放流，通过增殖放流为中华鲟自然种群提供持续、稳定的资源补充（附图 2）。

截至 2023 年，全国累计在长江中游、长江口、珠江和闽江等水系共增殖
放流各种规格的中华鲟约 861 万尾，其中中华鲟研究所放流中华鲟数量超过
600 万尾（图 1.7）。

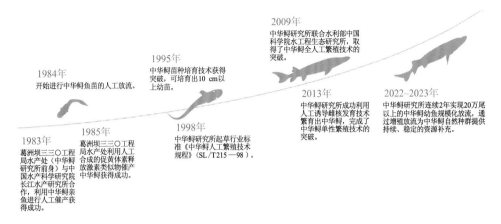

1984年
开始进行中华鲟鱼苗的人工放流。

1995年
中华鲟苗种培育技术获得突破，可培育出10 cm以上幼苗。

2009年
中华鲟研究所联合水利部中国科学院水工程生态研究所，取得了中华鲟全人工繁殖技术的突破。

1983年
葛洲坝三三〇工程局水产处（中华鲟研究所前身）与中国水产科学研究院长江水产研究所合作，利用中华鲟亲鱼进行人工催产获得成功。

1985年
葛洲坝三三〇工程局水产处利用人工合成的促黄体素释放激素类似物催产中华鲟获得成功。

1998年
中华鲟研究所起草行业标准《中华鲟人工繁殖技术规程》（SL/T215—98）。

2013年
中华鲟研究所成功利用人工诱导雌核发育技术繁育出中华鲟，完成了中华鲟单性繁殖技术的突破。

2022~2023年
中华鲟研究所连续2年实现20万尾以上的中华鲟幼鱼规模化放流，通过增殖放流为中华鲟自然种群提供持续、稳定的资源补充。

图 1.7　中华鲟研究所连续多年开展中华鲟增殖放流工作

第 2 章

放流中华鲟的监测

2.1　增殖放流概述

增殖放流是指用人工方法向天然水域投放鱼、虾、蟹、贝等各类渔业生物的幼体（或成体或卵等）以增加种群数量，改善和优化水域的渔业资源群落结构，从而达到增殖渔业资源、改善水域环境及保持生态平衡的目的（李继龙 等，2009）。增殖放流是改善水域生态环境、恢复渔业资源、保护生物多样性和促进可持续发展的重要途径，也是渔业生态修复和环境保护的重要手段，它使渔业资源的再生类似于一种农业生产方式，这种方式的出现和发展，是渔业史上的一次重大变革（李陆嫔和黄硕琳，2011）。

葛洲坝水利枢纽工程修建后，由于生殖洄游通道被阻隔，中华鲟在葛洲坝坝下江段形成新的产卵场。随着产卵场面积逐渐缩小，适宜性持续下降，中华鲟繁殖规模逐年缩减，开展人工繁殖放流成为保护、增殖中华鲟资源的主要手段之一（肖慧 等，1999）。早在 1973 年和 1974 年，四川省长江水产资源调查组通过在金沙江拴养成熟中华鲟初步实现了人工繁殖。1983 年 11 月，中华鲟研究所与中国水产科学研究院长江水产研究所合作，成功实现人工催产野生中华鲟亲鱼，真正突破中华鲟的人工繁殖（廖小林 等，2017；傅朝君 等，1985），在随后的 4 年里每年放流 20 万～80 万尾中华鲟仔鱼、稚鱼（刘鉴毅 等，2007；李思发，2001）。1983～2018 年，人工繁殖放流中华鲟子代总量达到 712.81 万尾，其中仔鱼、稚鱼、幼鱼总量为 712.49 万尾，亚成体和成体 3 231 尾（危起伟，2020）。

在中华鲟人工繁殖早期阶段，没有突破苗种培养技术难关，放流主体是开口前后的中华鲟仔鱼，数量达 575.6 万尾，占放流总量的 80.75%（危起伟，2020）。1997 年以前，95%的放流中华鲟为体长 2～3 cm、体重 3～5 g 的仔鱼，尚处于开口摄食前后的仔鱼难以越过死亡高峰，成活率极低，同时，该阶段中华鲟的游动能力较差，易被其他鱼类捕食，人工增殖放流中华鲟的成活率一般认为不超过 10%（林永兵，2008；赵娜，2006；杨德国 等，2005）。2000 年以后，放流中华鲟的规格逐渐转变为 1 龄以上大规格亚成体，2009 年子二代中华鲟全人工繁殖完全成功后，放流中华鲟的规格和年龄有了质的飞跃。放流个体规格增加，是否会显著提高放流个体成活率？人工养殖的中华鲟被放流进入自然水体后，是否适应新的水体环境？被放流的中华鲟进入新环境后的生存状况如何？有多少比例可以顺利进入大海？这些放流个体对中华鲟自然种群的补充效果如何？这些问题是中华鲟保护工作者们必须要回答的。而实现对放流个体的有效跟踪监测是回答这些问题的前提。

2.2　放流个体监测方法概述

目前，针对放流鱼类个体监测的方法主要有生物学法、水声学法、视频观察法及标记放流法等。

生物学法，通常用来调查鱼类的分布情况，包括调查各生长阶段鱼类个体的分布水域和水层等，是研究鱼类一般洄游规律的基本方法之一。借助大规模生物学测定，包括年龄、体长、体重、性腺发育等级、胃肠饱满度、丰满度和含脂量等，可以推知鱼群的洄游路线、洄游目的和洄游时间（杨君兴 等，2013；殷名称，1995）。在中华鲟自然繁殖监测工作中，主要通过食卵鱼调查和卵苗采集调查两种生物学法来监测中华鲟在葛洲坝下产卵场的繁殖行为（图2.1）。其中，食卵鱼调查，是指解剖食卵鱼（某些栖息在长江底层的鱼类，如铜鱼、黄颡鱼、鳜鱼等，每逢中华鲟产卵期，会尾随中华鲟并吞食中华鲟鱼卵），如在其肠道中发现中华鲟卵，即可根据其捕获水域倒推中华鲟产卵时间、产卵范围，以及中华鲟产卵时的环境条件（附图3）。根据食卵鱼类单位个体的日食卵数，也可推算中华鲟的产卵规模。卵苗采集调查，是指通过在产卵场布设底层网，监测产卵场中华鲟产卵情况，通过不同点位采集的鱼卵密度变化，确定中华鲟产卵具体点位，根据鱼卵发育期推测产卵时间。

（a）食卵鱼调查　　　　　　　　（b）卵苗采集调查

图 2.1　生物学法

水声学法，主要利用回声探测仪调查鱼类在水体的时空分布，通过比较其密度来判断监测鱼类的迁移和集群行为，为进一步研究鱼类行为提供可靠的数据参考。水声学法具有快速高效、调查区域广、不损害生物资源、提供连续数据、自然状态下定位鱼类空间分布、准确估算鱼类密度和资源量等优势，但其难以有效地判断所探测鱼的种类，且探测结果的准确性容易受到外界水流环境的影响（任玉芹 等，2010）。

在葛洲坝至庙嘴江段开展中华鲟水声学法调查时，主要使用双频识别声呐（dual-frequency identification sonar，DIDSON）和分列波束鱼探仪进行声呐调查（图2.2）。前者通过同时发射48～96个波束，对前方视野（水平0.3°，垂直14°，横向 29°）内的鱼类进行扫描，采集结果以视频影像形式保存，可通过测量图像长度、分析图像变动情况等方法，对监测对象进行行为分析，且不受水体浑浊度影响；后者主要通过一道或多道波束对探测范围内的物体进行探测，采集数据需要通过后处理软件（如 Echoview、Sonar5 等）进行处理，通过提取鱼类目标信号（密度、数量、长度等），对探测水域内的中华鲟进行调查。

（a）中华鲟研究所科研人员观察 DIDSON 监测结果　　（b）DIDSON 探测结果

图 2.2　水声学法

视频观察法，指在有可见光的条件下，通过水下机器人、潜水员浮/深潜、在船上安装静态遥测图像系统或摄像系统来观察鱼类的迁移行为（Helfman and Gene，1981）。该方法对鱼体的干扰较小，能够获得鱼类在自然状态下的真实行为，但较易受鱼体拍摄距离、水下光线强度、水体透明度及水流条件影响，同时，拍摄者难以自由跟踪鱼类的运动（杨君兴 等，2013；Lucas and Baras，2001；Helfman and Gene，1981）。杜浩等（2015）利用船载绞车，将水下相机下降至特定水域的江底并停留拍摄底质情况（河床基质类型、水体透明度、水下植物及底质黏附物质等），据此对葛洲坝下中华鲟产卵场的河床质特征进行研究。中华鲟研究所则利用水下机器人搭载光学相机，对水下底质环境进行巡查（图 2.3）。

标记放流法，主要通过对特定群体的生物个体进行人工标记后放流，并在放流后对其进行捕捞，借此获得该群体在自然环境下的个体生长状况、种群动态及分布等信息。该方法不仅是评估增殖放流效果的重要方法，还是研究放流种群生态学的主要手段（李思发，2001），但其评价结果准确性取决于标记方法的选择是否恰当（朱滨 等，2009）。

选择标记方法时应综合考虑多方因素，如标记对鱼类生长和成活的影响、标记的保持时间与脱落率、标记方法的成本和回捕效果等，需要经过系统试验后才可以确定某种鱼类的最佳标记方法，以便得到最好的回捕数据。现阶段已开发出的大量标记方法，其技术手段多样，分类标准复杂，难以逐一对其进行精准分类。

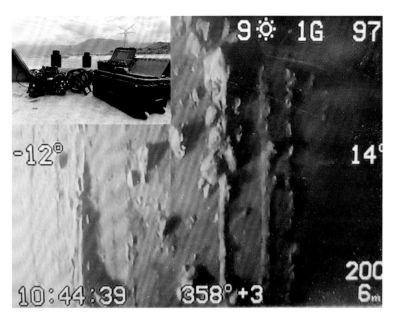

图 2.3　中华鲟研究所科研人员利用水下机器人进行底质巡查

根据标记的载体类型，可大致将常用的几种标记方法分为电子标记、物理标记、化学荧光标记（fluorescent marking）、生物分子标记（biomolecular markers）4 类。

2.2.1　电子标记

电子标记，是指利用可提供电/磁信号的标记物对目标鱼类进行标记的方法，标记自带的标识信息和监测记录一般通过扫描器获取。电子标记一般较小，可植入腹腔或肌肉内，也可固定于体表，较常用的标记物有声呐标记、SAT、被动集成应答器（passive integrated transponder，PIT）标记、CWT 等。对于在开阔水体中自由活动的鱼类来说，回捕是一项成本较高、效率较低的工作，声呐标记和 SAT 可以很好地解决这个问题，但对于较小水体或封闭水体中的鱼类来说，较强的回捕操作性和较便利的环境控制条件，则使得 PIT 标记和 CWT 等近程电子标记方法成为性价比较高的选择。

1. 声呐标记

声呐标记是一种可以发射超声波信号的信号发射装置，其可以主动向外界发射简单且具备唯一性的超声波信号，研究人员通过信号接收机（receiver，以下统称为"接收机"）可以远距离、长时间地对目标鱼类开展原位监测，从而了解自由生活状态下鱼类的生理、行为和体能状况。声呐标记可以主动发射简单的声波脉冲，通过调节脉冲频率或者重复速率来实现每个标记的唯一编码。一般来说，超声波信号的传输范围与其信号频率有较强的相关性，32 kHz 的超声波信号传输范围可达 2.5 km，69 kHz 的超声波信号传输范围可达 1.5 km，300 kHz 的超声波信号传输范围仅 400 m（Woodward and Bateman，1994）。超声波信号的发射和接收同样受到水体环境因素的限制，其在水层中的反射、折射、发散和吸收损失都会影响其传播和接受范围，环境噪声也会影响其传播和接收范围（Klimley et al.，1998；Priede，1994）。

目前，针对不同水生生物的生活习性、活动范围和研究需要，已开发出不同大小和不同工作寿命的声呐标记，且可定制化加入温度、深度、加速度等传感器，从而满足对各类水生动物研究的需要。声呐标记的质量一般控制在数克至 40 g 不等，原则上标记质量不应超过标记生物体重的 2.5%（Thoreau and Baras，1997）。在中华鲟、长江鲟等珍稀鱼类洄游运动规律研究中均使用声呐标记（图 2.4）。

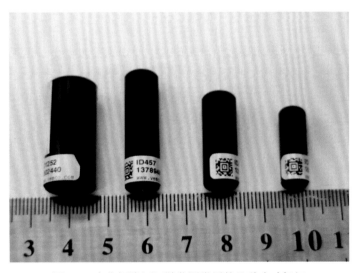

图 2.4　中华鲟降河洄游监测常用的几种声呐标记

声呐标记一般与接收机配合使用。接收机主要用于在有效的范围内接收声呐标记发射的带有独特编码信息的超声波信号，以获得水生动物的运动信息。接收机的种类较多，主要包括移动跟踪（mobile tracking）和固定监测（fixed monitoring）两种形式（图 2.5）。移动跟踪接收机主要包括水下听筒（hydrophone）、接收机主机、耳机和水上移动载体等。通过线缆将水下听筒与接收机主机连接，将水下听筒置于水体中，收集到的超声波信号信息可以实时显示在接收机的液晶屏幕上。移动跟踪接收机主要用于实时主动跟踪标记水生生物以获取标记水生生物的信息，虽然具有主动监测的能力，但需要耗费大量的人力、物力和财力，且很难达到昼夜监测的效果。

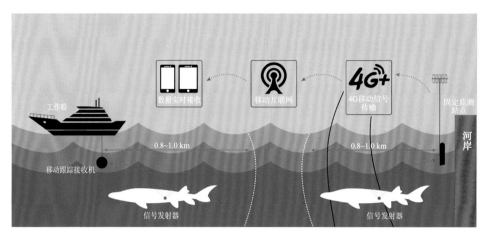

图 2.5   中华鲟声学追踪技术体系示意图

在研究水生动物与水体环境的关系时，声呐标记相比较于传统方法，具有原位观察、长期监测和连续跟踪等特点，这就实现了水生动物与水体环境关系的直接观察。声呐标记已在金枪鱼、海豚、四大家鱼、中华鲟、长江鲟等多种水生动物上得到应用，利用该技术可获得水生动物的运动速度、栖息利用、栖息地水文条件选择、昼夜运动和洄游路线等信息（刘景，2019；耿智 等，2018；王成友，2012；Yeiser et al.，2008；Goldman and Anderson，1999）。2015~2018 年，中华鲟研究所联合武汉大学，在现有声呐标记的基础上，开发了一套适用于自然水体的鱼类快速精密定位算法，成功解决了鱼类水下三维定位的技术课题（侯轶群 等，2019；Hou et al.，2019），为微生境尺度下的水生态研究提供了可靠、有效的技术支撑。2019 年，中华鲟研究所利用该套算法在三峡大坝双线五级船闸上下游引航道开展草鱼、鲢的水下迁移运动轨迹定位工作，取得了较好的成果。

2. SAT

SAT 是一种具有卫星通信功能的生物监测平台，利用平台搭载的各种环境传感器（如压力、温度、盐度、加速度等）可以对生物所处环境进行监测，利用平台搭载的定位系统可以实时（或定时）记录生物坐标，并利用平台的卫星通信功能可以将监测数据远距离输送至服务器端。应用 SAT 监测生物后，可以不需要大量捕获监测对象和大范围布设监测装置，这种极明显的优势使其成为大范围、长时间研究海洋动物分布与迁移的有效技术手段（Gatti et al.，2020；张珺，2012）。

SAT 一般通过锚标、钻孔或粘胶等方式将标记固定在标记对象体表。供电系统内置锂电池（部分型号同时配备太阳能供电）为传感器数据采集、存储、传输和可熔断连接环电熔释放过程供电。数据采集部分一般配置有温度传感器、压力传感器、光线传感器、LED 指示灯和数据接口等（图 2.6）。

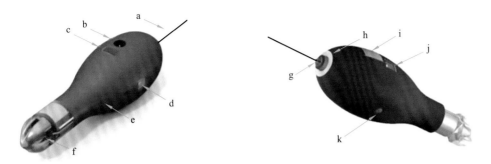

a. 天线；b. 温度传感器；c. 通讯端口；d/j. 光线传感器；e. 浮体；f. 电热熔断释放销；

g. LED 指示灯；h. 干/湿传感器；i. 接地板；k. 压力传感器

图 2.6　某型 PSAT 各部分示意图

随着 SAT 应用场景的不断拓展，其产品大致发展为 4 种类型：

（1）PSAT 主要用于研究长时间在水下活动、不易被捕获的动物，标记主要锚固于动物身体表面，可按预设时间从动物身上脱落并漂浮至水面，将记录数据传送至卫星，该型标记尤其适用于中华鲟等长期在底层活动或不常浮出水面的海洋生物（图 2.7）。

图 2.7　中华鲟背部固定的 PSAT

（2）定位式标记（smart position only tag，SPOT），这类标记不具备信息存储功能，仅能在浮出水面后将浮出点所在坐标和水温数据实时发送到卫星，适于浮出水面呼吸的海洋动物（如海豹、鲸和海龟等）及靠近海面游动的动物（鼠鲨、大白鲨等）。

（3）卫星中继数据记录器（satellite relay data logger，SRDL），此类标记也

需要露出水面后才能将记录的水温、盐度、深度数据压缩后上传至卫星（与 PSAT 类似），但其可以利用自带的太阳能板进行充电，保证了标记可以长期使用，较适用于定期浮出水面呼吸的物种（如海豹、海狮和海龟等）及适应水陆两栖生活的物种（如企鹅等）。

（4）档案式标记（archival tag，AT），一般体积小、质量轻，便于动物携带，但多数不具备卫星通信功能，因此功耗较低，可持续工作数年时间，但必须被成功回收后才能获得数据。

一般来说，PSAT 和 SPOT 主要通过肌肉锚定等方式拖曳固定于生物体表，对产品的体积和质量要求较高，导致搭载的传感器少，不能很好地满足研究需求；SRDL 和 AT 主要通过黏胶等方式贴合固定于生物体表，体积、质量相对偏大，可搭载更多传感器，除常规的温度、水深、光亮度传感器之外，还可增加三维加速度传感器、三维磁通门磁力仪、加速度等传感器，但其数据回收完全依赖于生物主动浮出水面，无法保障信息采集。

相对而言，PSAT 的应用场景更广泛。该标记已成功应用于格林兰鲨鱼（Campana et al.，2015）、长尾鲨（Sepulveda et al.，2015）、巨型水母（Honda et al.，2009）、大眼金枪鱼和黄鳍金枪鱼（张衡 等，2014）等物种的大规模迁移运动和行为变化研究中，在鲟鱼的海洋迁移分布研究中也有所应用。Edwards 等（2007）对海湾鲟的海洋迁徙和冬季栖息地选择进行了进一步探讨，Erickson 等（2011）则对成熟大西洋鲟的海洋行为模式进行了研究，Huff 等（2012）研究了尖吻鲟在海洋的分布和洄游行为，Broell 等（2016）对短吻鲟的海洋生境利用情况进行了调查。陈锦辉等（2011）、王成友等（2016）和吴川 等（2022）使用 PAST 对人工放流中华鲟在海洋的迁移路线和分布范围进行了探索，发现标记中华鲟在东海南部、黄海、东海、南海等海域均有分布，与历史资料（四川长江水产资源调查组，1988）中"中华鲟栖息于北起朝鲜西海岸，南至中国东南沿海的沿海大陆架海域"的描述基本一致。

3. PIT 标记

PIT 标记由微型芯片和线圈型天线组成，外面套有塑料或玻璃胶囊。一般采用标记注射器植入鱼类背部肌肉或腹腔内（图 2.8）。当扫描仪扫描时，PIT 标记被激发并向扫描仪发出 ID 标识码，借此获取标记鱼类的相关信息。

PIT 标记是实现射频识别技术的主要载体，其材质为玻璃，无毒无害，植入体内后不会产生不良反应。因标记体积小，质量轻（约为 0.025 g），适用于各种不同鱼类，幼鱼也可以使用，对鱼类的伤害影响较小。PIT 标记寿命长（一般为 50 年），终生存在鱼的体内，保持率高，不易被破坏和丢失，利于研究鱼类整个生活史，因此，在鱼类洄游、过坝监测等方面，PIT 标记跟踪系统是一

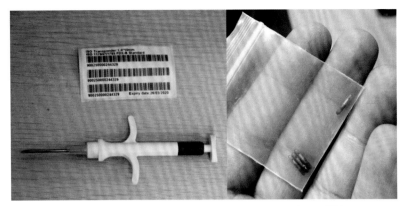

（a）标记注射器　　　　　　　　（b）PIT 标记

图 2.8　PIT 标记产品

种可靠的、有效的长期监测手段。目前，中华鲟研究所养殖的绝大多数中华鲟均已注射 PIT 标记，进行统一管理。

4. CWT

CWT 是一种宏观的生物标记方法，常用在鱼类增殖放流的标记回捕中。CWT 为一段磁化的不锈钢金属线，标记线上刻有几排数字，用来表示一批或单个编码（图 2.9），一般设定长度为 1.1 mm，注入深度约 5 mm。标记仪根据设定的参数自动切割不锈钢线，磁化后注入鱼体内即形成标记。质量控制仪用以确保标记鱼标记成功，检测仪用于标记鱼的标记检测。CWT 体积小，注射标记鱼类体内后不影响鱼类活动，且标记伤口能在短时间内愈合，此外，CWT 还具有标记速度快、对鱼体损伤小、标记保持率高、规模化标记价格低廉等优点，可标记较小的动物，有巨大的编码容量。因 CWT 体积较小且由无毒金属制成，对环境不会造成污染，即使标记鱼被其他动物或是人类误食，也不会造成伤害。

（a）CWT 上编码示意图　　　　　　（b）CWT 实际大小

图 2.9　CWT 示意图

随着渔业生物标记技术的不断发展，CWT 在渔业资源增殖放流领域的应用将更广泛，并成为标记放流研究的发展方向之一。杨德国等（2005）利用 CWT 对放流中华鲟进行了回捕监测，可能是因为标记种群少，中华鲟的回捕率较低，但回捕结果可表明自然繁殖中华鲟是自然种群得以补充的重要来源，结合 CWT 回捕结果、回捕收集地信息搜集及 PSAT 追踪结果，可以初步探明放流中华鲟幼鱼的降海洄游时间、洄游距离及入海后的分布情况。

2.2.2　物理标记

较常用的物理标记包括切鳍标记（fin amputation marking）和体外物理标记两种。

切鳍标记，是指将鱼类的 1 个或多个鳍条全部或部分切除，从而产生永久的标记，部分鱼类的特定鳍条可再生，所以该方法的有效期较短。这项技术始于 19 世纪 20 年代，现在已经成为基本的标记技术。一般来讲，选择切除的鳍条都是本身使用较少的，如脂鳍和腹鳍等，切除后对鱼的成活、运动和生长影响较小；而背鳍、胸鳍和臀鳍在运动和平衡中起着重要作用，切除这些鳍条对鱼的行为可能造成很大影响。因考虑到各个鳍条在鱼类活动过程中发挥的作用，此方法多用于脂鳍完全不能再生的鲑等（吕少梁，2019）。

体外物理标记，即利用物理的方法，将带有数字、文字、字母等信息的标签附着到生物体表，当标记生物被回捕时，可根据标签上的信息获取捕获生物的相关情况，用以分析放流生物在自然环境下的活动情况。该方法是最传统的一种标记方法，也是使用最广泛的一种，大部分鱼类都可以使用该方法。与传统标记方法相比，体外物理标记具有方法简单、操作成本低的特点，但过于依赖回捕，返回的有效数据量无法保障，同时，因其附着在鱼体表面，在鱼体游动时，在水流等外力作用下，标记的损失率可能会很高。

一般而言，体外标记应印刻放流机构的名称和标记编号等信息，以便标记鱼类在放流后重新捕捞时可以“有据可查”。在进行体外标记时，还应当考虑鱼类在水中运动时标记所受阻力大小和标记材料腐蚀等问题，同时，标记部位也应依鱼的体型大小而不同。常用的体外标记有：固定在鱼体鳍条（一般为背鳍或尾鳍）的 T 形标记（T-bar tag）、挂牌标记（scutcheon tag），固定于背部肌肉的锚型标记（anchor tag），固定于鳃盖骨的夹片式标记（如水产二维码追溯标记）等。中华鲟属于江海洄游型鱼类，在开展中华鲟降河洄游或溯河洄游及海洋分布研究时，应选用塑料、银质等耐盐水侵蚀的材料（图 2.10）。

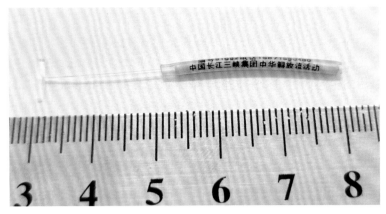

图 2.10　中华鲟人工放流使用的 T 形标记

印有放流单位、标记编号及联系人电话等信息

2.2.3　化学荧光标记

化学荧光标记是渔业和水产养殖研究中常用标记技术手段之一，其通过特定技术方法在标记对象上形成荧光标记，进而可以通过肉眼或借助仪器发现该标记，主要有可视荧光标记和荧光染料标记两种。

可视荧光标记主要利用标记枪将由荧光颜料和生物硅胶融合而成的混合物植入标记目标皮下组织以形成有颜色的标记，短期外部可见。可视荧光标记的标记效果与标记时所选择的标记位置和标记颜色密切相关，一般将其注入标记对象比较透明的部位，如鱼体头顶部、眼眶后部眼睑处（图 2.11）或背鳍和胸鳍之间，靠近胸鳍等部位，荧光的颜色通常有红色、橙色、黄色和绿色等。与传统的体外物理标记相比较，可视荧光标记更为有效便捷，可视性高。由于可视荧光标记主要是通过渔民回收标记目标，所以标记位置应选择醒目部位。

图 2.11　鲈鲤眼眶后部的可视荧光标记

荧光染料标记，是将荧光染料通过投喂、浸染或注射等手段使其附着沉积于标记鱼体内的钙化组织如鳞片、耳石和其他硬骨组织上，形成稳定的螯合物，然后取得这些组织，以产生在荧光显微镜下可识别的荧光标记或着色点标记。目前最常用的荧光染料包括：盐酸四环素（tetracycline hydrochloride）、钙黄绿素（calcein）、茜素氨羧络合剂（alizarin complexant）、茜素红 S（alizarin red S）。这些染料已经被证明能通过浸染、投喂或注射等方法在标记目标身体的骨质结构上形成稳定的螯合物，从而在骨组织上生成生长标记，这种骨组织上的标记能够在荧光显微镜下被清楚地检测和观察。荧光染料标记在渔业的相关研究中已得到越来越多的支持和应用，但因需要捕获并处死标记鱼才能识别荧光染料标记，该方法在中华鲟群体标记中几乎不会应用。

2.2.4　生物分子标记

生物分子标记是指利用鱼本身的遗传学特征对不同来源鱼类进行区分，即基于亲代的遗传信息［主要为脱氧核糖核酸（deoxyribonucleic acid，DNA）］来区别放流种群与自然种群，该方法只需建立亲本遗传信息数据库，适合大规模标记，缺点在于后期检测较为复杂。目前常用于标记技术中的生物分子标记方法有两种：线粒体 DNA 控制区（mitochondrial DNA displacement loop region）标记和微卫星 DNA（microsatellite DNA）标记。

线粒体 DNA 控制区是线粒体 DNA 中的一段非编码区，结构较为复杂。相对于基因组庞大且复杂的真核基因组，线粒体基因组结构简单，序列较短，既含有保守区也含有高变区，因此适合于不同进化程度的物种分类鉴定。线粒体 DNA 控制区标记已广泛应用于鲟鱼的进化、系统进化和育种研究中。

微卫星 DNA 又被称为短串联重复序列（short tandem repeat，STR）或简单序列重复序列（simple sequence repeat，SSR），是均匀分布于真核生物基因组中的简单重复序列，由 2～6 个核苷酸的串联重复片段构成。由于重复单位的重复次数在个体间呈高度变异性并且数量丰富，微卫星 DNA 标记可用于鉴别纯合子和杂合子，具有丰富的多态性和良好的重复性，比其他显性分子遗传标记具有更强的遗传检测能力。微卫星 DNA 位点通常通过聚合酶链反应（polymerase chain reaction，PCR）扩增，扩增产物通过电泳分析并根据大小分离等位基因进行检测。赵娜（2006）建立了判断多倍体微卫星 DNA 标记个体识别能力的模型，对现有人工繁殖放流量的资源增殖效果进行了评价。

基于线粒体 DNA 控制区标记和微卫星 DNA 标记，又发展出了环境 DNA（environmental DNA，eDNA）技术。eDNA 技术，指通过对环境样品中各种生物的脱落组织（如皮肤、粪便、唾液、分泌物等）进行一系列分子生物学操作，获取其中的 DNA 信息，进而掌握环境水体中目标鱼类的出现情况。该技术直接从环境样品中提取 DNA（图 2.12），无须对 DNA 进行物种分离，可将监测研究对环境带来的影响降到最低。目前，eDNA 技术主要集中应用于鱼类物种多样性监测、入侵物种检测、濒危物种检测和鱼类生物量的估算等方面。Yu 等（2021）设计了一对针对中华鲟的特异性引物，由此确定了中华鲟自然繁殖种群的存在和相对丰度。

图 2.12　eDNA 样本处理

2.3　声学监测网络建设

声呐监测技术在研究鱼类运动行为和洄游习性方面具有相当高的时空准确性。对于大多数水生生物来说，它们一直栖息在水体中，或清澈或浑浊，同时，它们一直处于不断运动状态，有些种类的活动范围非常大，研究人员很难通过肉眼或一般设备直接观察并记录其活动，而超声波在水中具备良好的传播性，利用这一媒介对开放水体中的鱼类进行原位监测具有天然优势。但是，声学信号的传播距离仍然有限，为了实现对目标鱼类的全面监测，必须协调多台接收机进行组网监测。

根据前期调研情况，国际上针对濒危海洋生物已建立多个覆盖范围广、兼容性较高及数据共享的全球性和区域性声呐监测系统，如海洋跟踪网络（ocean tracking network，OTN）、大西洋中部声学遥测观测系统（the Mid-Atlantic acoustic telemetry observation system，MATOS）、动物遥测网络（animal telemetry network，ATN）等全球性监测系统，佛罗里达大西洋海岸遥测网络（Florida Atlantic Coast telemetry network，FACT）、墨西哥湾水生生物综合监测网络（integrated tracking of aquatic animals in the Gulf of Mexico，iTAG）、太平洋大陆架跟踪计划（Pacific Ocean Shelf Tracking Program，POST）、五大湖观测网络（Great Lakes observation system，GLOS）等区域性监测系统，形成了跨物种、跨地区、跨团体的监测系统，提高了多方在全球海洋生物观测领域的参与度，为我国海洋生物监测提供了可行的参考。我国的水生生物声学监测网络尚处于发展阶段，一些科研院所和高校已在长江流域部分江段开展过鱼类声学追踪研究工作（刘景，2019；郭禹 等，2016；罗宏伟 等，2014），但并未形成稳定的、成体系的监测网络。

自 2009 年中华鲟研究所首次实现了子二代中华鲟全人工繁殖后，子二代中华鲟逐渐成为放流的主体，但关于子二代中华鲟是否保留了中华鲟的降河洄游特性的研究还不多见。2014～2021 年，中华鲟研究所向长江中放流子二代中华鲟超过 28 000 尾，该批子二代个体从孵化、出生到长成均在淡水环境中进行，研究其放流入江后是否发生降河洄游行为，是否能顺利入海，对于判断子二代中华鲟的洄游能力、评估中华鲟放流效果，具有重要意义。针对中华鲟在长江中下游的降河洄游过程，中华鲟研究所组建了覆盖长江中下游干支流约 1 800 km 江段的鱼类声学监测网络，设置监测断面超过 17 个，投入接收机 20 余台，对超过 318 尾标记中华鲟开展了追踪（附图 4），取得了大量研究数据，监测效果十分理想。

2.3.1　声学监测设备选择

经过充分市场调研，中华鲟研究所引进了 VEMCO 公司 69 kHz 系列声学产品，包括 V7-4X、V13-1X、V13P-1X、V16-4X、V16P-4X 5 种 69 kHz 系列声呐标记（表 2.1 和表 2.2）和 VR100、VR2W 和 VR2C 3 种型号接收机。所有声呐标记的信号发射间隔均设置为 30 s。

表 2.1　5 种常用声呐标记的技术参数

声呐标记型号	直径/mm	长度/mm	空气中质量/g	水中质量/g	输出功率 dB re 1 μPa @ 1 m（低功率/高功率）	信号发射间隔设置为 30 s 时的电池寿命/d
V7-4X	7	21.5	1.8	0.9	137/141	173
V13-1X	13	30.5	9.2	5.1	147/152	911
V13P-1X	13	39.0	11.0	5.5	147/152	523
V16-4X	16	68.0	24.0	10.3	152/158	3 650
V16P-4X	16	71.0	26.0	12.0	152/158	3 008

注：dB re 1 μPa @ 1 m 是一个组合单位，用于描述距离声源 1 m 处的峰值声源级强度。

表 2.2　常用声呐标记的传感器技术参数

	测量范围/℃	精度/℃	分辨率/℃
V7、V13、V16 温度传感器	0~40	±0.5	0.150
	10~40	±0.5	0.120

	最大深度/m	精度/m	分辨率/m
V7 型标记用压力传感器（室温）	17	±0.5	0.075
	34	±0.5	0.150
	68	±1.0	0.300

	最大深度/m	精度/m	分辨率/m
V13 和 V16 型标记用压力传感器（室温）	17	±1.7	0.075
	34	±1.7	0.150
	68	±3.4	0.300

接收机主要使用 VR100、VR2W 和 VR2C 3 种型号。VR100 接收机属于主动鱼类跟踪系统，即"搜索型"接收机。该型设备配有全球定位系统天线（global positioning system antenna），可以自动记录设备所在坐标，并将坐标信息赋予每一条监测到的声学信号。VR100 配有全向型接收机（VH165）和方向型接收机（VH100），主要用于在研究水域内对标记对象展开移动式搜索工作。VR100 能适应各种野外作业要求，利用小型监测船搭载该设备（图 2.13），可以开展快速的主动搜索和跟踪，监测信息可以实时在屏幕上显示。一般先使用全向型接收机搜索附近是否有被标记的鱼类，如果有，则使用方向型接收机确定该鱼的方位，然后可以逐渐靠近，最终确定该鱼的大致位置。

图 2.13　监测船搭载 VR100 接收机进行信号追踪

相较于 VR100 的机动性，VR2W 和 VR2C 则可以被归类到"岗哨型"接收机，即监测目标鱼类是否在范围内出现，当目标鱼类进入接收机接收范围内时，接收机即可记录声呐标记的 ID 编号和传感器数据，以供统计分析。这两款设备通常被安置于固定点位，用以监测某个河段或特定水域（均处于鱼类洄游路线），适合长时间、大范围的鱼类追踪。

VR2W 使用蓝牙方式与计算机进行无线通信，快速完成数据下载，VR2C 则提供了串口通信端口，用户可以远程控制设备、实时查看并下载监测数据（图 2.14），与现有浮标等监测平台集成度较高。使用 VR2C 的数据实时查看、导出功能时，需配备数据实时传输模块［（data transfer unit，DTU），将串口数据通过无线通信网络进行传送的无线终端设备］，组成声学自动监测系统［也称自动监测站（automatic monitoring station），见附图 5］。该系统能够将记录的每个信号要素（信号出现时间、声呐标记 ID 编号、传感器数据等）长时间、不间断、远距离传输至用户端。

图 2.14　VR2C 接收机的用户端显示界面

2014 年，中华鲟研究所利用 VEMCO 公司 69 kHz 系列声学产品，对当年放流子二代中华鲟进行了试验性标记追踪工作。研究人员在长江中下游选择宜昌、红花套、沙市、岳阳、武汉、九江、铜陵、南京、江阴 9 个江段设置固定监测站点。所有接收机均布设于水下 2 m 深处，其上方通过铁链及钢丝绳悬挂在岸边趸船边缘（图 2.15），下方以 10 kg 铁球配重，防止接收机在水流的冲击下过度倾斜甚至露出水面影响监测信号的正常接收。放流活动当天，研究人员携带 VR100 接收机（搭配 VH165 和 VH110 水下听筒）在放流点上下游江段对放流标记中华鲟进行移动追踪。追踪时通过 VH165 全向水下听筒获取超声波信号，然后换用 VH110 定向水下听筒判断标记中华鲟的游动方向。该年度的试验性标记追踪工作，成功监测到放流子二代中华鲟的沿江降河洄游活动，遥测结果符合预期设想。

图 2.15　工作人员在趸船上布放监测设备

同时，中国长江三峡集团有限公司（以下简称"三峡集团"）开发了基于"互联网+"的珍稀濒危鱼类放流信息展示系统——"数字长江"。该系统通过数据库技术、地理信息系统（geographic information system，GIS）等技术，搭建了鱼类跟踪遥测物联网平台，实现了放流鱼类位置、水深、温度数据的自动采集，实时动态 GIS 展示及自动短信通知等应用功能，在国内乃至亚洲的珍稀濒危鱼类保护工作中都具有开创性的意义。

2.3.2　声学监测站点设置

长江江阴江段主要为顺直河道，江面开阔，水流平稳，因无较大支流汇入，区域内的流量没有大的变化。江阴江段受潮汐影响明显，河道流量和水位同时受外海潮汐、河口潮波和上游径流影响，越往下游流速越小，水文情势也越复杂。江阴鹅鼻嘴以下江段为河口段，该江段自鹅鼻嘴（水面宽约 1.2 km）开始向东迅速展宽呈喇叭状放开，水面至吴淞口时已宽达 16 km。受海水倒灌影响，河口段经常保持较高的水位，江段内的水流速度也远低于长江中下游江段，江段内水体盐度等理化指标与河口水环境接近，同时，在潮水的影响下，从长江中上游带来的泥沙、营养物质等会在河口段逐渐累积，饵料生物资源也较上游水体丰富。综合考虑，将江阴江段作为中华鲟降河洄游监测过程的最后一段，标记中华鲟通过江阴江段后即认为其顺利入海。

综合考虑长江不同江段的河道地形特征（附图 6），2015～2021 年中华鲟放流标记追踪工作固定监测断面根据前一年监测结果进行优化调整（图 2.16）。

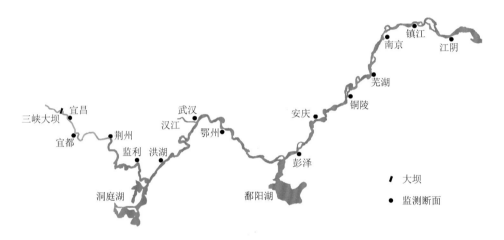

图 2.16　2015～2021 年中华鲟放流标记追踪工作部分固定监测断面示意图

根据 2014 年监测结果，研究人员将 2015 年的监测断面调整为 13 个，除上一年监测站点外，增加了洪湖、鄂州、安庆、芜湖 4 个断面，同时，引进了具备实时数据传输功能的 VR2C 型接收机，以提高监测结果的时效性。2016 年长江干流的监测断面仍保持 13 个，但对部分站点进行了调整：取消了宜昌断面和洪湖断面，增加了监利断面和镇江断面，武汉断面和南京断面各设置 2 处对向监测站点。同时，增设城陵矶、汉阳和湖口 3 个支流河湖监测断面，以监测子二代中华鲟进入支流的情况。

城陵矶为洞庭湖出（江）口处，大约位于武汉市和荆州市的中间位置（距武汉市 231 km，距荆州市 323 km），城陵矶突出于江湖汇口，具有抗冲和挑流作用，是此处"Y"字形水道南侧的洞庭湖口节点。附近的七里山（过水断面 1 000 m，历年最高水位 32.75 m）是洞庭湖"四水"（湘江、资水、沅江、澧水）"四口"（太平口、调弦口、藕池口、松滋口）入湖水沙经调蓄再度入江的唯一出口，也是长江至洞庭湖之间洄游型和半洄游型鱼类来往的唯一通道，在此设置监测站点，便于掌握标记中华鲟进入洞庭湖的情况。

基于 2015～2016 年的大规模监测结果，对 2017 年的监测断面设置进行了较大幅度的调整，在保障基础研究数据的同时，对监利至洞庭湖口江段和南京至江阴断面进行了重点监测，具体表现为：取消宜都、沙市、洪湖、鄂州、安庆、铜陵、芜湖、镇江等监测数据无显著差异的断面，增设道仁矶断面，保留武汉、彭泽、南京断面作为沿江校核断面。其中，监利断面布设 2 台声呐接收机，武汉断面布设 3 台声呐接收机，南京断面布设 3 台声呐接收机，江阴断面布设 6 台声呐接收机。根据 2015～2016 年监测结果，城陵矶断面和汉阳断面连续 2 年未监测到中华鲟信号，予以取消；湖口断面监测到 1 尾中华鲟信号，予以保留。

通过对 2015～2017 年中华鲟降河洄游数据的分析，研究人员初步获取了中华鲟在洄游过程中的分布情况及运动规律，发现中华鲟进入支流的可能性较大。因此，2018～2019 年对沿江监测断面的布设做了进一步调整：2018 年，保留监利、武汉、彭泽、南京和江阴 5 个断面作为干流主要监测断面，以补充中华鲟降河洄游基础研究数据。为了进一步确认子二代中华鲟进入支流河湖的情况，选择松滋口、城陵矶、汉阳（图 2.17）、湖口和江都（即扬州三江营，该处的茫稻河为长江一级支流，与高邮湖相通）5 个监测站点进行监测；2019 年仍将江阴江段作为干流的重点江段，将该处的监测设备提升至 7 台，选择松滋口断面作为支流重点江段，在松滋口及其与长江汇口上下游共布设 3 处固定监测站点（图 2.18），并继续保持城陵矶、汉阳、江都、湖口 4 个断面。

图 2.17　武汉断面的 3 处监测站点分布示意图

汉阳站点于 2018 年设立，武汉 1# 和武汉 2# 站点于 2015 年设立

2020～2021 年监测断面进行了最大幅度调整，只针对宜昌江段和江阴江段开展监测工作，前者设置艾家、古老背、红花套、龙窝、枝城、松滋口、松滋、枝江 8 处监测断面，后者设置利港、江阴航道、江阴汽渡、申港、夏港、靖江海事 1#、韭菜港、肖山、靖江海事 2#、长山港 10 个监测断面（图 2.19）。

图 2.18 松滋口断面固定监测站点分布示意图

2#监测站点设置时间为 2019～2021 年，1#和 3#监测站点仅于 2019 年设置

图 2.19 江阴断面部分监测站点分布示意图

2.3.3 标记中华鲟筛选

2015～2021 年，中华鲟研究所分别放流了 3 000 尾、2 020 尾、500 尾、500 尾、700 尾、10 000 尾和 10 000 尾子二代中华鲟，研究人员分别从中挑选了 60 尾、60 尾、41 尾、50 尾、30 尾、40 尾和 37 尾不同规格子二代中华鲟进行声呐标记追踪研究，共计 318 尾。标记子二代中华鲟总重 3 858 kg，年龄为 3～12 龄，体重为 2.70～45.50 kg，全长为 70～178 cm（表 2.3）。

表 2.3　2015～2021 年不同规格标记子二代中华鲟生物学信息

组别	放流年份	年龄/a	体重（$\bar{x}\pm$SD）/kg	体长（$\bar{x}\pm$SD）/cm	全长（$\bar{x}\pm$SD）/cm
1	2015	4	7.09±1.42	97.97±9.14	115.1±10.23
2		4	6.35±1.66	94.22±10.25	109.85±9.12
3	2016	5	6.34±1.69	93.70±6.27	111.80±7.36
4		7	22.48±5.23	133.95±11.00	157.30±12.18
5	2017	5	9.60±2.23	103.52±7.50	125.43±9.14
6		6	10.11±1.86	108.55±6.74	128.50±6.99
7	2018	7	11.44±4.24	103.78±8.78	120.96±11.24
8		9	34.57±7.59	148.35±13.91	173.91±16.90
9	2019	8	12.96±4.82	109.90±12.31	132.45±12.31
10		10	33.05±5.42	152.40±7.09	177.80±5.53
11		8	15.42±5.49	126.60±15.60	148.40±18.10
12	2020	6	11.14±3.18	107.30±9.50	127.30±10.20
13		3	3.58±0.42	75.10±3.80	91.20±4.20
14		4	7.37±3.09	90.41±10.67	—
15	2021	10	31.40	135.00±5.00	168.80±4.79
16		12	59.50±3.94	171.30±6.29	205.00

注："—"表示未测量。

研究资料显示，冯·贝塔朗菲生长方程［（Von Bertalanffy growth formula，VBGF）$W=a\cdot L^{b}$，W 为体重，kg；L 为体长，cm；a 为生长条件因子常数；b 为幂指数系数］可以很好地反映中华鲟（危起伟 等，2019；赵峰 等，2018；毛翠凤 等，2005）、史氏鲟（庄平 等，1998）、俄罗斯鲟（赵道全 等，2002）、杂交鲟（熊铧龙 等，2020）等种类的生长发育情况。b 值可以较好地反映鱼类在不同阶段和环境中的生长情况：当 $b=3$ 时，鱼类为等速生长，体长和体重接近匀速生长，表明生长环境舒适，饵料充足；当 $b<3$ 时，鱼类体长生长速度大于体重生长速度，个体不够丰满，可能预示着鱼类生存环境较差或饵料缺乏；当 $b>3$ 时，鱼类体长生长速度小于体重生长速度，个体过于丰满，表明鱼类生存环境优越且饵料资料十分充足，但此种情况一般较少出现。赵峰等（2018）对在长江口水域停留摄食的中华鲟幼鱼进行逐月采样分析，发现中华鲟幼鱼刚到长江口时，其生长曲线表现为异速生长（5 月，b 值为 2.6 左右），待其适应长江口索饵场的丰富饵料资源后，其生长曲线开始表现为等速生长（6～8 月，b 值为 2.6～3.1），这一变化可以充分反映中华鲟幼鱼初到长江口水域后对环境的适应过程。

利用 VBGF 分析标记 318 尾放流子二代中华鲟的体重、体长关系，拟合的相关方程为 $W = 0.000\,002L^{3.227}$（相关指数 R^2 为 0.917 9，b 值为 3.227）（图 2.20），表明人工养殖环境下标记子二代中华鲟体长和体重接近匀速生长，体重生长速度略快于体长生长速度。鱼类的生长通常是指鱼体体长和体重的增加，一般情况下，鱼类生长最快速的阶段是性成熟前，该阶段生长幅度大，变动性也大，这主要是与食物保证程度密切相关。中华鲟研究所放流子二代中华鲟 VBGF 的幂指数明显大于长江口幼鱼和自然群体，反映出人工养殖条件下中华鲟的营养状况和养殖环境可能优于自然环境，中华鲟个体没有因环境、疾病、饵料等造成某一生长阶段减缓或停滞。

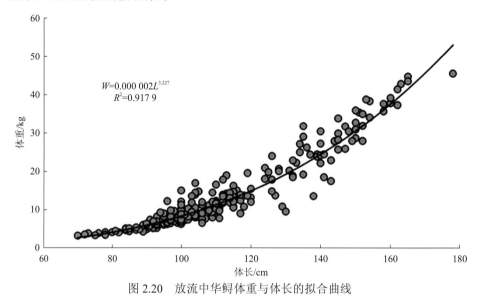

图 2.20　放流中华鲟体重与体长的拟合曲线

2.3.4　声呐标记固定方法

一般来说，声呐标记在鱼体的附着方式主要有以下三种：外部悬挂、胃部放置和手术植入。外部悬挂操作简单且对鱼体无伤害，但是因为鱼的运动及与周围物体的摩擦，易脱落，不适合长期标记。胃部放置操作较复杂且对鱼体伤害较大，容易造成标记鱼的死亡。而手术植入操作虽然要进行外科手术，操作复杂，对鱼体会造成一定的伤害，但因声呐标记封闭在鱼体腹腔内部，不易丢失，同时，可以避免外部水体中的杂质对信号发射器的影响，其应用效果要明显优于其他两类。随着手术植入技术的进步，手术操作对鱼类的不利影响被削减，越来越多的研究者认为手术植入是进行长期鱼类遥测技术研究的最佳选择（Wagner and Cooke，2005；Bridger and Booth，2003；Jepsen et al.，2002）。

中华鲟研究所在中华鲟降河洄游运动研究中做了大量工作，积累了丰富的研究经验（附图 7 与附图 8），于 2021 年 8 月 26 日发布了三峡集团企业标准《中华鲟声呐标记及监测技术规程》（Q/CTG 380-2021）（中国长江三峡集团有限公司长江生态环境工程研究中心长江珍稀鱼类保育中心，2021）。该标准对中华鲟放流标记追踪工作中的声呐标记准备、声呐标记实施、监测断面设置、监测实施、数据处理及报告编制等过程进行了规范。根据该标准，中华鲟声呐标记固定操作流程如下。

1. 手术用品准备

手术前，应准备手术所需用品，包括手术刀（4#刀柄）、刀片（11#、21#、23#刀片）、可吸收缝线（absorbable suture，以聚乙醇酸合成材料经纺丝编织制成，带缝合针）、组织镊（14 cm）、持针器（14 cm/16 cm）、直尖剪（16 cm）、手术台、担架、帆布水箱等（见附图 9）。

其中，可吸收缝线选用上海浦东金环医疗用品股份有限公司生产的可吸收缝线产品，该款缝合线由医用缝合针和聚乙醇酸缝线两部分组成，前者由符合标准规定的优质不锈钢材质制成，具有良好的弹性和韧性，规格为 0#角针（3/8 10×24 31 mm）；后者线径 0.25 mm（即 4#线），表面有聚乙内酯和硬脂酸涂层，缝合线在植入两周后，大约保留最初拉伸强力的 70%，植入三周后，大约保留最初拉伸强力的 35%，在 60～90 d 内基本上可完全降解。

使用 75%医用酒精进行手术器械及其他工具消毒，使用医用碘伏消毒液对手术部位进行消毒。使用红霉素软膏和云南白药为伤口做止血及防水处理，为使两者充分发挥好效用，常将少量红霉素软膏与云南白药混合均匀后使用。手术结束后，在鱼体胸鳍部位注射氟苯尼考溶液（剂量 0.07 ml/kg），以减轻术后伤口的炎症反应。

2. 中华鲟麻醉

中华鲟个体较大，对其开展外科手术前需进行麻醉。常用的鱼类麻醉剂为间氨基苯甲酸乙酯甲磺酸盐（MS-222），其具有使用浓度低、作用快、作用时间长、复苏快、无毒副作用等优点，是目前唯一被美国食品药品监督管理局（Food and Drug Administration，FDA）批准能用于食用鱼的麻醉剂。陈细华等（2006）对各剂量 MS-222 下中华鲟和施氏鲟的行为、生理特征进行了描述（表 2.4 和表 2.5）。通过多次试验，确定子二代中华鲟的最佳手术麻醉剂量（MS-222）为 80 mg/L（最大剂量不应超过 100 mg/L），麻醉时间不超过 6 min，手术全过程不超过 20 min（指开始麻醉至放入清水恢复的过程）。2015～2021年，共对 318 尾子二代中华鲟进行过麻醉手术，平均手术时间在 5.23～12.50 min，养殖池水温 10.1～15.0℃（表 2.6）。

表 2.4　MS-222 对中华鲟和施氏鲟的麻醉作用过程及程度（陈细华 等，2006）

麻醉过程及程度	个体行为及生理特征
安静期	安静，正常游动，无异常行为
低度麻醉	行为迟钝，游速减慢，在清水中可自行复苏
中度麻醉	静止不动或偶尔游动，在清水中可自行复苏
深度麻醉	身体失去平衡直至仰卧，早期伴随挣扎狂游现象，在清水中可自行复苏
过度麻醉	呼吸频率明显下降，在清水中可自行复苏
临床死亡	停止呼吸，在清水中经"人工呼吸"可复苏
生物学死亡	无法苏醒

表 2.5　不同剂量 MS-222 下中华鲟和施氏鲟进入不同麻醉程度所需时间（陈细华 等，2006）

麻醉程度	20 mg/L	30～40 mg/L	50～55 mg/L	70 mg/L	100 mg/L
低度麻醉	5～10 min	3～10 min	2～5 min	—	—
中度麻醉	—	10～16 min	—	—	—
深度麻醉	—	—	3～16 min	1～3 min	1～3 min
过度麻醉	—	—	—	5～40 min	1～7 min
临床死亡	—	—	—	20～240 min	2～45 min

表 2.6　子二代中华鲟声呐标记植入手术基本信息

放流年份	手术实施时间（年-月-日）	单场手术平均时长/min	养殖水体温度/℃
2015	2015-01-12	12.50	11.2
2016	2016-03-08	6.78	12.6
2017	2017-03-01	11.10	10.1
2018	2018-03-08	6.89	15.0
2019	2019-02-28	5.23	13.2
2020	2020-04-01	7.39	11.5
2021	2021-03-24	8.21	12.3

3. 声呐标记植入手术

应选择无畸形、无病害的健康中华鲟个体，待标记鱼的规格应符合《水生生物增殖放流技术规程》（SC/T 9401—2010）的规定，待标记鱼的平均体长应不小于 50 cm；应提前 90 d 将待标记鱼单独养殖，标记前 1～2 d 停食，手术时间距离放流日应不少于 30 d。

根据放流研究目的和监测内容确定标记中华鲟的规格及声呐标记型号。待标记鱼的最小体长与声呐标记规格应符合表 2.7 的要求，遵循的原则为：声呐标记的空气中质量与待标记鱼的体重比应不超过 2.5%（Baras and Lagardère，1995）。

表 2.7　待标记鱼的最小体长与声呐标记规格

类别	标记中华鲟的最小体长			
	50 cm	70 cm	80 cm	100 cm
声呐标记规格	规格 I	规格 II	规格 III	规格 IV
长度/mm	22.5	21.0	36.0	95.0
直径/mm	7	9	13	16
空气中质量/g	1.8	2.9	11.0	34.0
水中质量/g	1.0	1.6	6.0	14.9

手术前，将激活的声呐标记及手术器材用 75%医用酒精浸泡消毒，消毒时长应不少于 10 min。待手术鱼麻醉完成后，快速称量其体重并将其置于手术台，用绑带固定好，测量并记录待标记鱼的体长、全长等生物学指标。

手术开口宜选择中华鲟腹部中后段、生殖孔前 3～6 块腹骨板之间，距腹中线向腹骨板外开 1/4 处，透腹壁纵切 2～5 cm，切口前采用医用碘伏消毒液对伤口进行消毒。

将消毒后的声呐标记经切口塞入标记鱼腹腔（图 2.21），保证声呐标记进入腹腔后平置于腹腔内壁。采用单纯间断缝合方式进行缝合（图 2.22），每缝一针单独打结，针距宜为 0.6～0.8 cm。切口缝合后，将伤口及其附近区域擦干后将云南白药和红霉素软膏的混合物均匀涂抹在伤口，涂抹范围应覆盖整个伤口，以作防水和止血用。为手术个体注射抗生素，注射剂量应根据药品要求确定。

手术完成后将中华鲟集中转入专用养殖池中暂养恢复。中华鲟刚进入水池开始，应连续 3 h 观察个体活动情况，如身体是否侧倾或仰卧、是否趴地不游动、呼吸频率是否正常等，并予以记录。若发现中华鲟出现非正常行为，应及时介入处理。连续监测暂养池的水质变化情况，重点观察水温的变幅，确保其他指标符合《渔业水质标准》（GB 11607—89）（国家环境保护局，1990）的规定。

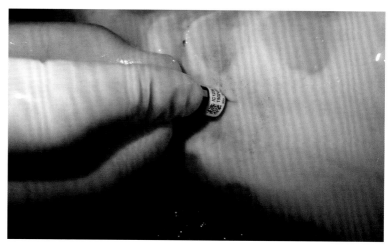

图 2.21　声呐标记植入中华鲟腹腔

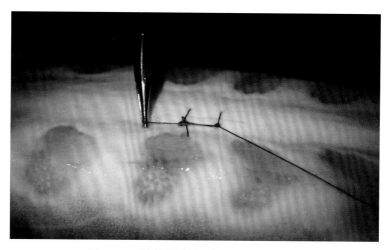

图 2.22　采用单纯间断缝合方式缝合伤口

（1）pH 在 6.5～8.5。

（2）溶解氧，连续 24 h 内，应保证 16 h 以上高于 5 mg/L。

（3）生化需氧量，应不超过 5 mg/L。

（4）总氮浓度，应不低于 0.13 mg/L，不高于 11 mg/L。

　　根据中华鲟的康复情况，定期进行检查和护理，如内外伤的消炎等。观察并记录中华鲟的活动状况、摄食情况和伤口愈合情况，待中华鲟基本康复后，即可开始进行人工条件下的训练和野化。放流前，再次确认中华鲟手术部位愈合正常（图 2.23），声呐标记信号发射正常。

图 2.23　手术部位 2 周后完全愈合

红圈内为手术伤口

第 3 章

放流中华鲟的环境适应

3.1　流速适应试验

自 1983 年开始中华鲟人工增殖放流活动以来，中华鲟研究所已累计放流中华鲟超过 600 万尾。早期的放流群体主要以中华鲟幼鱼为主，2009 年中华鲟研究所联合水利部中国科学院水工程生态研究所，取得了中华鲟全人工繁殖技术的突破，自此，子二代中华鲟逐渐成为放流主体。但随之而来的一个问题摆在了研究人员面前：长期生活在人工养殖条件下的中华鲟被放流进入自然水体后，能否适应新的水体环境？能否正常游动和进食，从而保证其顺利入海？

尽管研究人员已在中华鲟血液生化（姚德冬 等，2015；郭柏福 等，2013；杨吉平 等，2013；郑跃平 等，2013）、感觉器官的早期发育及其行为机能（柴毅，2006）、生殖调控、仔鱼转食及野化（柴毅 等，2008）等方面做了大量工作，但相较而言，水流环境差异可能仍是引发养殖环境与自然环境下中华鲟行为学差异的主要因素。水流是鱼类生活环境中的一种重要的非生物因子，能够刺激鱼类的感觉器官，使其产生相应的行为反应和活动方式，进而影响鱼类的摄食、生长、代谢等生命活动。中华鲟具有天然的江河洄游本能，这一精密的定向行为可能由水流、水温和水化学等环境因素决定（殷名称，1995）。养殖水体流速相对较缓、生境单一，长期在此环境中生长可导致鱼体感知水流、克服水流能力的缺乏，同时，长期缓流/静水环境下形成的运动能力可能导致其适应新流速环境的时间较长，从而大大削弱其捕食及反捕食能力，对于个体生存十分不利。

宜昌市中华鲟放流点，位于湖北省宜昌市胭脂坝江段，胭脂坝为葛洲坝下游的第一个江心岛，上段是卵石河床，下段则以土丘为主，植被丰富。该江段河道较为顺直，长江径流主要经胭脂坝左汊下行至白沙脑后逐渐偏向右岸（图 3.1），直至进入虎牙滩后逐渐趋中（刘金 等，2009）。宜昌江段 3～6 月的平均水温为 16.56℃，其中 4 月的平均水温不超过 14℃，5 月中旬之后的水温一般都超过 20℃（邱如健 等，2020；王玲浩和李向龙，2015）。子二代中华鲟采用室内循环水养殖，养殖水温大体上跟随外界气温变动，在（13.6±0.8）～（25.6±0.3）℃内波动。

选择 50 尾待放流中华鲟，利用多台潜水泵进行造流，营造梯级流速以逐步提高中华鲟适应流速。试验第 1～14 d，流速调至 0.15 m/s，第 15～38 d，流速调至 0.35 m/s，第 39～43 d，流速调至 0.6 m/s（放流前长江干流宜昌江段的多年平均流速为 0.67 m/s）。投喂期间停止造流，每天造流总时长 5～6 h。

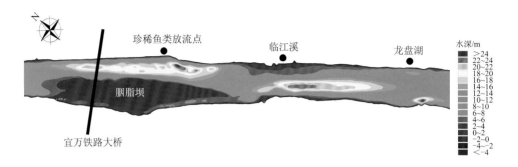

图 3.1   胭脂坝水域水下地形图

结果显示，试验第 1 d，试验鱼（体长 106～131 cm，体重 6.25～14.4 kg）均顺流游动，仅 1 尾试验鱼表现出逆水流方向活动，但持续游动时间非常短（不超过 10 s）；第 5 d，超过 20%的试验鱼表现出逆水流游动现象；第 15 d 和第 39 d，流速增加后，逆流鱼比例依然保持增长趋势。表明经过水流锻炼，试验鱼的游泳能力得到持续提升（图 3.2）。

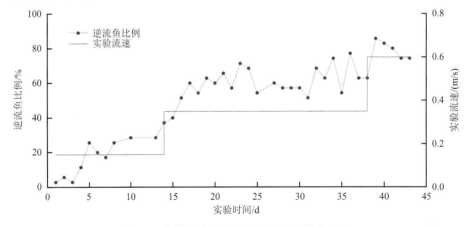

图 3.2   中华鲟在不同试验流速下的游动情况

另外选择 10 尾已植入声呐标记的待放流中华鲟（表 3.1），将其随机分为野化组和参照组，其中，9 龄中华鲟的体长在野化组与参照组之间无显著差异 [$P>0.05$，单因素方差分析（one way ANOVA），下同]，且均显著高于 7 龄中华鲟（$P<0.01$）；参照组的 7 龄中华鲟体长显著大于野化组（$P<0.01$）。按上述水流调整方法对野化组开展流速适应试验，使用两台大功率水泵沿池壁制造恒定流速（流速约 0.6 m/s），以模拟长江干流水流条件；参照组不设置水泵，水流环境为静水或微流水，其他养殖条件一致。

表 3.1 流速适应试验的中华鲟生物学信息

试验组	年龄	平均体长/cm	平均全长/cm
参照组	9 龄	150.56	178.11
	7 龄	110.18	128.64
野化组	9 龄	143.29	164.57
	7 龄	99.38	115.69

试验组中华鲟放流进入长江后，两个试验组 7 龄中华鲟的降河速度无显著差异（$P>0.05$），野化组 9 龄中华鲟的平均降河速度（69 km/d）显著低于参照组 9 龄中华鲟的平均降河速度（89.6 km/d）（$P<0.05$）。参照组中 9 龄中华鲟和 7 龄中华鲟的平均潜水深度无显著差异（$P>0.05$），野化组中 9 龄中华鲟平均潜水深度却显著高于 7 龄中华鲟（$P<0.01$）。野化组 9 龄中华鲟的平均潜水深度（8.4 m）大于参照组 9 龄中华鲟的平均潜水深度（6.9 m），而 7 龄中华鲟的平均潜水深度在两个试验组之间无显著差异（$P>0.05$）。

根据国内外鱼类人工增殖放流经验，放流个体规格越大，其摄食、逃避敌害及适应环境的能力就越强（张崇良 等，2022；Secor et al.，2000；Schram et al.，1999）。而适当的水流驯化有助于放流中华鲟提前适应新的流速环境，从而减少它们放流后的压力和不适感。

3.2 食性转换试验

中华鲟是典型的底层活动鱼类，其主要摄食底层分布的鱼类、端足类、多毛类等生物饵料。黄琇和余志堂（1991）通过对长江口水域中华鲟幼鱼的解剖，发现其肠道内的食物主要是虾虎鱼类、寡毛类、甲壳类、多毛类等身体柔软的小型生物，这些生物主要分布在沙底质上或浅埋于沙底质内。孙丽婷（2018）对 127 尾崇明岛水域误捕中华鲟幼鱼进行了胃含物检测，发现中华鲟幼鱼摄食的饵料生物共 9 类 16 种，包括鱼类 6 种，虾类 3 种，蟹类 1 种，多毛类 1 种，端足类 1 种，瓣鳃类 1 种，等足类 1 种，腹足类 1 种，水生昆虫 1 种。其中，较小的中华鲟个体（体长 20.0～24.9 cm）主要以端足类（主要是钩虾）、蟹类及瓣鳃类（如河蚬）为生物饵料，而较大的中华鲟个体（体长≥35.0 cm）主要以鱼类为主要的生物饵料（出现频率为 100%）。这种生物饵料组成变化，反映出中华鲟摄食策略变化：优先选择适口性好、易消化的种类，并会尽量避免摄食带硬质外壳、适口性差的生物饵料，随着中华鲟个体的增长，其捕食能力在逐渐加强，饵料生物种类日益丰富。

但在人工养殖环境下，中华鲟的食性发生了较大变化。在人工集约化养殖条件下，饲喂活食不但成本高，而且投喂量也难以满足摄食需求，故多采用人工配合饲料以提高养殖效果,但鲟鱼长期摄食人工配合饲料,肠道消化能力和摄食主动性可能较野生种群有所下降。根据以往的研究,野生中华鲟倾向于选择鲜活的饵料鱼,不喜食死亡和冷冻的饵料鱼,驯养的野生中华鲟对饵料则表现出不同的选择性(张晓雁 等,2015;刘鉴毅 等,2007),而人工繁育的中华鲟多摄食人工配合饲料和天然饵料。随着摄食训练时间的延长,多数中华鲟可摄食毛鳞鱼、混合鲜饵料(张晓雁 等,2015)。

同时,考虑到中华鲟的摄食并不以视觉为基础,而主要靠其发达的感觉器官(罗伦氏器)和嗅觉器官(嗅囊)来感受底栖生物运动产生的微弱生物电,因此,中华鲟一般只在其活动水层寻找食物,对于分布于水体上层的生物饵料基本不会主动捕食。子二代中华鲟自孵化以来,始终处于人工养殖环境下,主要摄食人工配合饲料。长期摄食人工配合饲料会使中华鲟产生依赖,当被放流进入自然水体后,中华鲟对生物饵料的摄食能力和消化能力处于较低水平,部分个体在短期内可能处于饥饿状态,不利于放流个体的生存,放流群体的成活率也会受影响。

根据这一情况,针对性开展中华鲟食性转换试验。试验鱼的生物饵料主要包括鲫鱼、大菱鲆、海虾等,将其剁成肉泥后与饲料搅拌均匀晾干后投喂。在试验初期,肉泥与饲料比例为1:4,之后视试验鱼的摄食情况,逐渐增大肉泥比例,直至完全投喂生物饵料。第1~3 d,直接投喂鲫鱼鱼块,试验鱼基本不摄食,即使偶尔吸入鱼块,也会马上吐出;第4~7 d,投喂肉泥饲料,试验鱼全部摄食;第 8 d,开始同时投喂肉泥饲料和鲫鱼鱼块,试验鱼开始摄食鲫鱼鱼块;第10 d,两种饲料全部摄食。随后停食2 d,第13 d仅投喂鲫鱼鱼块,试验鱼全部摄食所投喂的鲫鱼鱼块,表明经过食性驯化,试验鱼开始"被迫"自主摄食偶见性食物,对于其野外自主摄食具有积极意义(图3.3)。

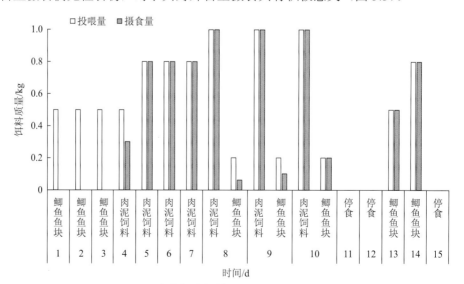

图 3.3　中华鲟食性转化试验中摄食情况变化

第 16 d，在投喂鲫鱼鱼块的基础上，开始额外投喂基围虾、蛏子、大菱鲆鱼块等海水生物饵料，试验鱼对这些饵料的摄食状况良好。随后逐渐加大海水生物饵料的投喂量和投喂比例，发现试验鱼完全摄食海水生物饵料，无明显残饵（图 3.4）。此时，试验鱼已真正实现食性转换，并可以摄食蛏子、虾一类具有一定活动能力的底栖生物。

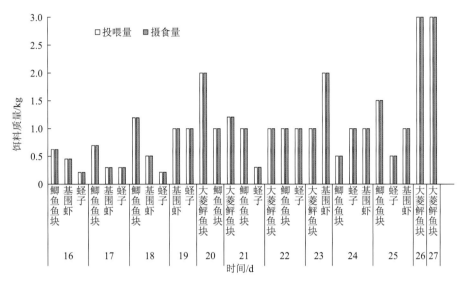

图 3.4　中华鲟摄食海水生物饵料情况

第 28 d 开始，研究人员开始投喂断鳍活鲫鱼（剪去背鳍、胸鳍和腹鳍，保留尾鳍，游动能力基本保留），断鳍活鲫鱼每天均有不同数量的剩余，第 34 d 开始，投喂断尾活鲫鱼（剪去尾鳍，游动能力基本丧失），试验鱼对断尾活鲫鱼的摄食率达到 100%，第 39 d 开始，逐步增加断尾活鲫鱼投喂量，发现试验鱼均可以将其全部捕食（图 3.5 和图 3.6）。自始至终，大菱鲆鱼块的摄食率均达到 100%。试验鱼还是倾向于捕食不游动或游动能力弱的生物，对于游动速度稍快的生物，试验鱼的捕食能力还是有所欠缺。

综合中华鲟食性转换试验结果，可考虑在放流前 1 个月，启动中华鲟食性转换工作，以长江中下游的底栖生物和底层鱼类为主要食物来源，并在放流前停食 2~3 d，从而促进放流个体进入长江自然水体后的快速自主摄食，并进一步提升放流个体的成活率。

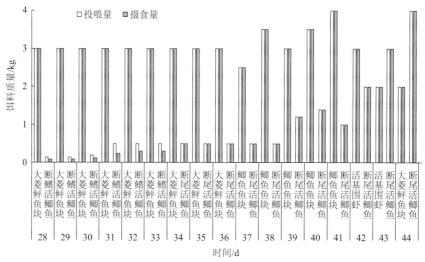

图 3.5 中华鲟摄食活鱼饵料情况

图 3.6 中华鲟捕食断尾活鲫鱼过程

3.3 放流初期运动情况

举行中华鲟放流活动时，在放流江段同步开展标记中华鲟主动追踪工作，以及时掌握标记中华鲟进入长江自然水体后的分布情况。追踪区域为放流点上游 2 km（天然塔）至下游 6 km（龙盘湖）之间的江段，追踪时间持续 5～8 h。

标记中华鲟被放流进入长江后，2 h 内和第 2～4 h 的信号探测次数无显著差异（$P>0.05$），但二者均显著高于放流 4 h 之后的信号探测次数（$P<0.05$）（表 3.2）。中华鲟在放流 4 h 之后基本上已离开放流点水域，但在放流 4 h 以内，中华鲟可能广泛分布于胭脂坝及其下游数千米范围江段内。

表 3.2　2014～2021 年主动追踪工作概况

放流年份	标记中华鲟数量/尾	信号密度/（次/尾）	信号探测次数占总信号探测次数的比例/%		
			放流后 2 h 内	放流后 2～4 h 内	放流 4 h 之后
2014	18	15.28	53.55	39.32	7.13
2015	60	6.46	55.47	34.72	9.81
2016	60	7.73	61.32	29.44	9.24
2017	41	17.38	45.98	33.81	20.21
2018	50	6.61	51.22	47.73	1.05
2019	30	30.86	75.21	15.22	9.57
2020	40	24.36	81.65	15.57	2.78
2021	29	13.78	86.79	13.21	0.00

比对 2014～2021 年主动追踪信号的点位分布结果，发现部分中华鲟在初次进入长江自然水体后，均会在放流点至临江溪一带稍作停留，以放流点和临江溪河口为集中停留区域，放流点至胭脂坝尾端之间江段也有较多停留（图 3.7）。放流点外侧及其下游数百米范围为深水区，最大深度超过 24 m，而临江溪河口附近则为浅水区，水深不超过 6 m，且河床平整，底质主要为细砂底质，流速平缓。这种环境特征与养殖环境较为接近，较易吸引中华鲟的聚集，同时又利于中华鲟进入新环境后的适应调整。

主动追踪过程中，发现有零星中华鲟出现向放流点上游运动的情况，但并未持续较长时间，随后仍向下游移动。这可能是中华鲟进入新环境后的短暂“适应”过程。总的来看，放流 4 h 后，大部分中华鲟即可基本适应长江自然水体环境，并在适应新环境后较快地开始其降河洄游过程。

当长时间主动追踪均未发现标记中华鲟的踪迹时，则可认为其已经下行离开探测区域。统计未探测到中华鲟的占比（即下行比例），发现 2018 年以后，中华鲟下行比例明显提高（图 3.8），这可能是对标记中华鲟实施流速适应后，中华鲟自主活动能力得到提升的原因。

2015～2017 年主动追踪期间标记中华鲟的潜水深度分别为（6.95±3.72）m、（14.68±9.22）m 和（7.63±5.63）m。2015 年标记中华鲟的潜水深度与 2017 年差异不显著（$P>0.05$），而 2016 年标记中华鲟的潜水深度与 2015 和 2017 年均差异极显著（$P<0.01$）。相关性分析结果显示，中华鲟的潜水深度与放流当天干流流量极显著正相关（$P<0.01$），即放流当天宜昌江段的流量越大，中华鲟的潜水深度越大（图 3.9）。

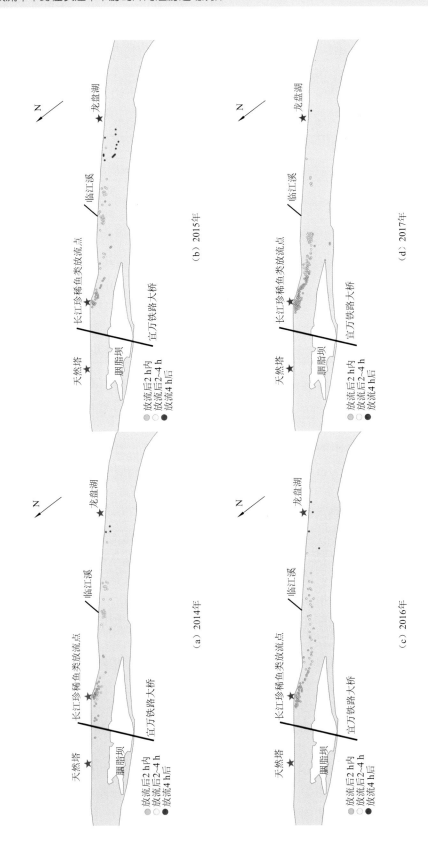

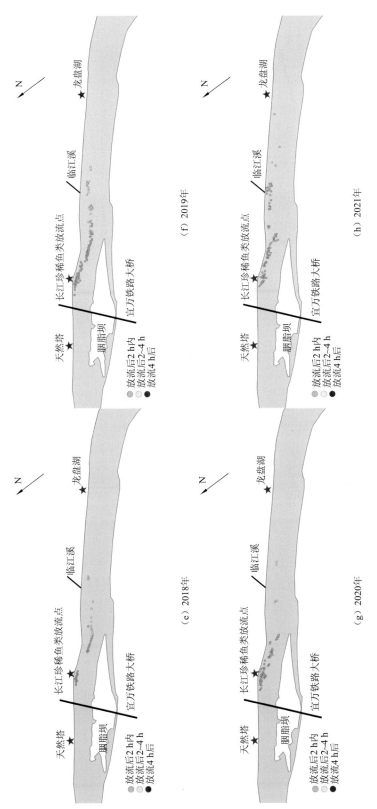

图 3.7 2014~2021年主动追踪信号点位分布示意图

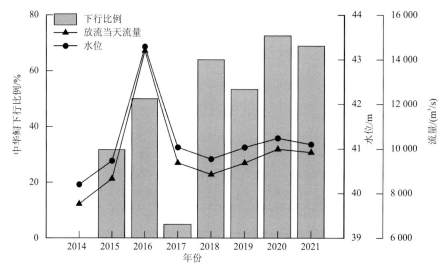

图 3.8　2014～2021 年主动追踪期间快速下行的中华鲟比例

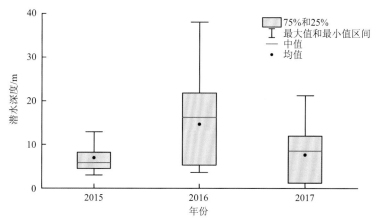

图 3.9　2015～2017 年主动追踪期间标记中华鲟的潜水深度

　　中华鲟长期处于低流速的室内养殖环境，突然进入高流速的自然水流环境后，容易在短时间内因游泳能力不足而被迫随水流向下移动。经过流速适应训练的放流个体游泳能力普遍增强，其进入自然水体后可主动、快速地向低流速的下层水体活动（如放流点外侧水域的深水区），以快速适应新的流速环境。经过一段时间后，完成适应过程的放流个体将会向下游浅水区域活动（浅水区流速低、水深浅，与室内养殖环境接近）。

　　研究人员在放流江段下游的红花套江段设置古老背、红花套和猇亭 3 个固定监测站点（图 3.10），对中华鲟在放流点下游江段的降河洄游过程进行持续监测。猇亭监测站点位于长江左岸，周边水域水深较浅（4～8 m），水底较平坦（卵石堆较多），具有较好的抗风浪和水流特性，江水流速一般不超过 0.8 m/s。红花套监测站点（右岸）处于深水区，平均水深约 18 m，最大水深超过 20 m，放流期间该区域的流速范围 1.1～1.3 m/s。绝大多数中华鲟会在放流后 4～5 h 内抵达红花套江段的监测断面，放流后 2～2.5 d 基本离开监测断面（表 3.3），中华鲟正式开启其降河洄游过程。

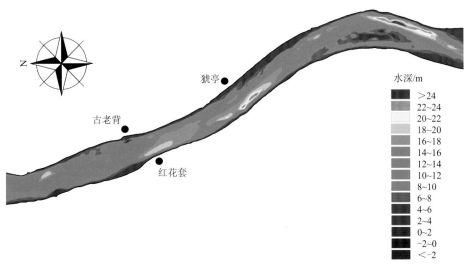

图 3.10　红花套江段的水下地形

表 3.3　标记中华鲟在红花套江段的通过情况

年份	监测站点	与放流点距离/km	断面通过率/%	最快通过时间/h	最慢通过时间/h
2015	红花套	16.73	100.00	4.17	49.01
2016	红花套	16.73	88.33	4.80	47.07
	猇亭	18.68	96.67	4.83	46.55
2018	红花套	16.73	82.00	4.99	38.32
2020	古老背	15.83	100.00	4.13	53.90

2015 年，中华鲟在放流点至红花套江段之间的平均降河速度达到 2.11 km/h，显著高于 2016 年和 2018 年（$P < 0.01$）的平均降河速度（分别为 1.44 km/h 和 1.46 km/h）（图 3.11）。比较中华鲟在各监测站点监测范围内的通过时间（即信号首次出现和最后出现的时间差）。2015 年和 2018 年，中华鲟在红花套江段的平均通过时间不超过 2 h，2016 年中华鲟在该江段的平均通过时间为 2.17 h（图 3.12）。

对降河速度与当年宜昌江段干流流量进行相关性分析，发现两者均呈极显著负相关关系（相关系数 $r = -0.235$，$P < 0.01$），即河道内的径流量越大，中华鲟的降河速度越低。而 2015～2017 年中华鲟在猇亭监测站点的平均通过时间（3.69 h）显著高于红花套监测站点（1.98 h）（$P < 0.01$）。上述监测结果表明，中华鲟在放流初期的降河洄游过程中存在主动躲避行为，并非完全被江水"裹挟"

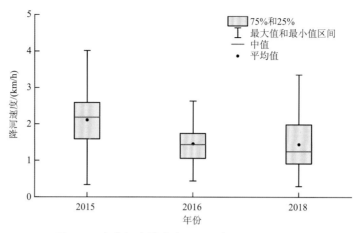

图 3.11   中华鲟在放流点至红花套江段的降河速度

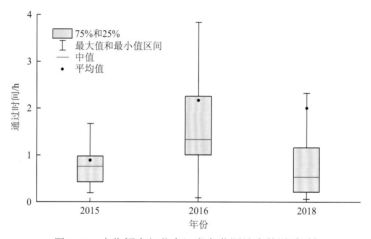

图 3.12   中华鲟在红花套江段各监测站点的通过时间

向下移动。而且这种主动躲避策略表现为，当干流流速过大时，中华鲟会主动迁移至低速区（深水区的底层或浅水区的近岸侧）以躲避高流速带来的不适，流速越大，这种主动躲避的行为就越明显，相较之下，浅水区（如猇亭监测站点）的吸引力大于深水区（如红花套监测站点）的底层。

为进一步明确标记中华鲟在放流初期的洄游运动情况，研究人员于 2020 年在放流点下游的艾家至枝江江段开展针对性监测。艾家至枝江江段共设置了艾家、古老背、清江口、龙窝、枝城、松滋口和枝江 7 个监测断面（图 3.13），通过比较中华鲟在各江段的活动情况，评估中华鲟在各区段的分布情况。

监测结果显示，中华鲟在放流点至艾家至古老背江段的断面通过率为 100%，龙窝至枝城江段的断面通过率则保持在 92.5%，而枝江江段的断面通过率则降至 85.25%（图 3.14）。清江口探测到了 4 尾中华鲟信号，但其通过时间均不超过 30 min，且均在下游江段再次出现。松滋口发现 5 尾中华鲟信号，其

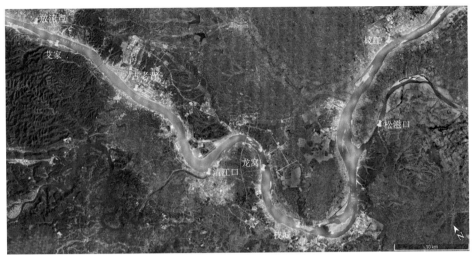

图 3.13　2020 年艾家至枝江江段监测站点示意图

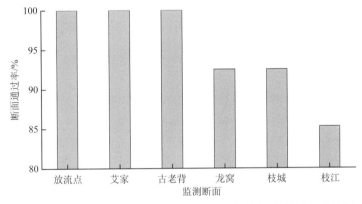

图 3.14　2020 年中华鲟在艾家至枝江江段各监测断面的断面通过率

中 4 尾在下游江段再次出现，1 尾未再出现。总体来看，中华鲟在古老背至枝城江段的断面通过率下降幅度是小于松滋口至枝江江段的。

从标记中华鲟降河速度的变化来看，中华鲟进入新的水体环境后，可能仅需 0.9～2.1 h（平均 1.32 h）即可开始向下迁移。标记中华鲟离开艾家断面后开始提速，艾家至枝江之间各断面的平均降河速度均不低于 2.72 km/h（图 3.15）。

每年都有大量船只经葛洲坝船闸前往长江上游地区，受限于葛洲坝船闸的通行上限，宜昌江段的待闸船舶数量多、船舶待闸时间长，仅葛洲坝以下江段就有临江坪（主城区水域）、云池（猇亭监测断面）和关洲尾（位于枝城和松滋口监测站点之间）3 处待闸锚地。船舶密度增加极可能加剧船舶螺旋桨对中华鲟的击打伤害。2022 年 4～5 月，连续在该江段发现 2 尾成年中华鲟（1 死 1 伤，受伤个体于次日死亡），其中，受伤个体明显为外力击打致伤（图 3.16）。

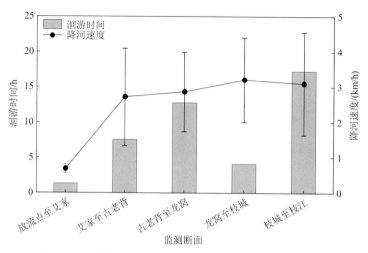

图 3.15　中华鲟在艾家至枝江江段的洄游时间与降河速度

图 3.16　2022 年 4 月 26 日在高坝洲水域发现一尾受伤野生中华鲟于次日死亡

　　1996 年成立长江湖北宜昌中华鲟省级自然保护区时，葛洲坝至古老背约 30 km 江段是核心区，古老背至芦家河浅滩（枝城下游）50 km 江段是缓冲区。2008 年调整后的宜昌中华鲟核心区，为葛洲坝以下 20 km（葛洲坝至龙盘湖附近）江段范围，缓冲区为宜昌市公路大桥以上 10 km 江段，试验区为宜昌市公路大桥下游 20 km 江段。调整后，枝城至枝江江段已完全不属于保护区范围，而该区域内目前又是宜昌市地区化工业、航运业集中分布区域，水环境状况（噪声、水体污染等因素）可能会对中华鲟等洄游型鱼类的分布和迁移过程产生消极影响。

第 4 章

中华鲟在长江中下游的
迁移运动

4.1　中华鲟的降河速度

4.1.1　降河速度的变化情况

　　统计不同江段的中华鲟声呐标记信号密度，以此表征放流个体在各江段内的活动情况（单尾鱼的信号密度越高，该尾鱼游动速度越慢，即在监测范围内停留时间越长）。结果显示，各江段间的信号密度无显著差异（$P > 0.05$，one way ANOVA），但江段之间的信号密度变化仍表现出较为明显的特征：放流开始后，红花套和荆州江段的信号密度始终稳定在 10 次/尾附近，至监利江段信号密度达到最高水平（18.32 次/尾），并能维持高位至武汉江段（14.71 次/尾）和彭泽江段（13.84 次/尾），表明中华鲟在荆州至监利江段可能有一个较为明显的逗留过程，而中华鲟在武汉至彭泽江段的降河速度则处于一个相对平稳且缓慢增长的过程；位于彭泽下游的安庆江段，中华鲟信号密度降至最低水平（4.39 次/尾），表明中华鲟在此江段的通过时间较短（即快速通过该江段）；安庆以下江段，信号密度则表现出逐步上升过程，表明中华鲟在安庆以下江段各监测断面的通过时间不断加长，即降河速度在逐渐下降（图 4.1）。

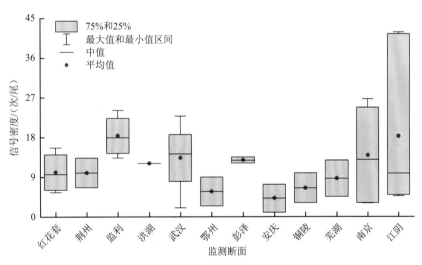

图 4.1　不同江段的中华鲟信号密度

　　进一步比较中华鲟在不同江段的降河速度，发现中华鲟离开红花套江段后，可能经历了一段加速过程后，平均降河速度从 40.32 km/d 快速升至 95.76 km/d；中华鲟进入荆江至武汉江段后增速放缓，至其通过鄂州江段时，平均降河速度仅升至 115.92 km/d；在随后的约 400 km 江段（鄂州至铜陵江段），中华鲟平均降河速度呈下降趋势，安庆至铜陵江段的中华鲟平均降河速度降至 79.92 km/d；

中华鲟通过铜陵江段后，即开始第二轮加速过程，仅洄游约 100 km 即可将平均降河速度提升至 116.88 km/d；通过芜湖江段后，中华鲟再次减速，待其游抵江阴江段时，平均降河速度已降至 90.72 km/d（图 4.2）。值得注意的是，仅放流点至红花套江段的平均降河速度显著低于其他江段（$P<0.05$，one way ANOVA），其他江段的平均降河速度之间无显著差异（$P>0.05$，one way ANOVA）。

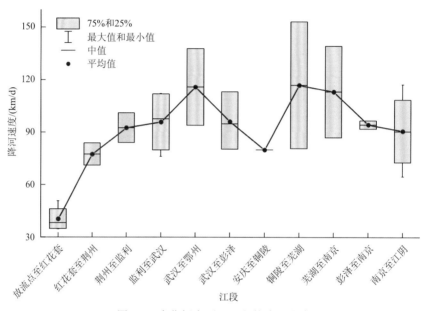

图 4.2   中华鲟在不同江段的降河速度

标记中华鲟进入江阴江段后的降河速度是否继续下降？我们于 2021 年在该江段设置了 4 个监测断面 8 个监测站点（利港至江阴航道，断面 A；靖江汽渡至申港，断面 B；靖江海事 1# 至夏港，断面 C；靖江海事 2# 至长山港，断面 D），对标记中华鲟个体的降河速度进行了详细调查。结果显示，断面 A 至断面 B（间距约 8.73 km）的平均降河速度[（91.07±57.30）km/d]和断面 B 至断面 C（间距约 7.64 km）的平均降河速度[（70.74±42.00）km/d]差异不显著（$P>0.05$，one way ANOVA），而断面 C 至断面 D（间距约 10.68 km）的平均降河速度[（16.97±10.97）km/d]显著小于前两个河段（$P<0.05$，one way ANOVA）（图 4.3），这表明中华鲟进入江阴江段后，降河速度仍保持持续下降趋势。

这种速度变动趋势可能与江阴江段的水文情势存在较强相关性。江阴及其以下江段的水位变化主要受潮汐影响，长江径流次之，江阴江段的潮位差可达 1.6 m。中华鲟进入江阴江段后，需要适应新的流速和流态环境，为入海做最后的准备。同时，流速减缓导致江阴江段以泥沙底质为主，而水体流态的扰动又进一步增加了水体营养物质。有学者指出，江阴江段的底栖生物以软体动物为主（功能摄食类型为刮食者）（段学花 等，2012），鱼类优势种以鳊、似鳊等中

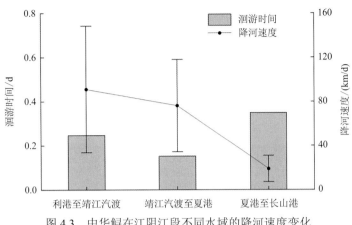

图 4.3　中华鲟在江阴江段不同水域的降河速度变化

下层分布的小型鱼类为主（查晓宗 等，2012），饵料资源可以很好地满足中华鲟的摄食习惯和索饵需求。中华鲟在经过长距离的降河洄游后，消耗了鱼体大量能量，为了更好地适应新的生存环境，它们可能会在此江段开始"觅食"，而这一行为可能也是导致中华鲟在夏港以下江段的迁移速度显著下降的重要原因。

不同年际间中华鲟的降河速度变化规律是否一致？我们对 2015～2021 年各江段标记中华鲟的出现情况进行了统计。结果显示，中华鲟在放流后 0.15～2.4 d 内陆续抵达枝城江段，1.47～5.23 d 内抵达沙市江段，2.57～16.58 d 抵达监利江段，4.95～26.77 d 内抵达武汉江段，7.79～34.66 d 抵达南京江段，10.83～39.42 d 抵达江阴江段。整体上看，中华鲟抵达各监测断面时具有相对集中性，但随着洄游距离的增加，中华鲟集中抵达各监测断面的时间范围在不断扩大（图 4.4）。

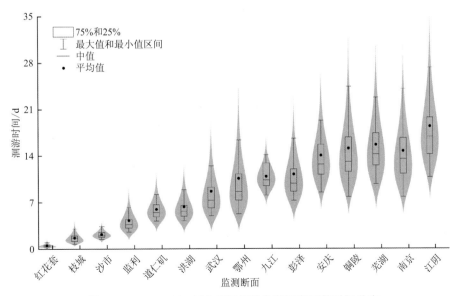

图 4.4　2015～2021 年中华鲟抵达各监测断面的时间分布

根据洄游时间计算，2015 年标记中华鲟的降河速度为 16.88（红花套）～102.86（洪湖）km/d，全程平均降河速度为（70.48±18.56）km/d；2016 年标记中华鲟的降河速度为 12.18（猇亭）～127.72（铜陵）km/d，全程平均降河速度为（71.54±32.53）km/d；2017 年标记中华鲟的降河速度为 30.63（监利）～107.27（武汉）km/d，全程平均降河速度为（73.15±18.14）km/d；2018 年标记中华鲟的降河速度为 7.01（红花套）～125.74（武汉）km/d，全程平均降河速度为（80.58±26.65）km/d。不难发现，中华鲟最小降河速度均出现在洄游初期（宜昌至荆州江段），而中华鲟降河速度在洪湖至铜陵江段则处于较高水平，在南京以下江段才开始逐渐下降。

从群体角度出发，将标记中华鲟群体作为一个整体，以其到达监测断面的峰值时间来代表整体的运动时间，并据此计算标记中华鲟群体在各监测断面间的降河速度（监测断面间降河速度＝相邻两个监测断面的距离/相邻两个监测断面间的游动时间差）。比较发现，2015～2018 年标记中华鲟群体的降河速度变化符合二次多项式合曲线（R^2_{2015}=0.994 6，R^2_{2016}=0.991 8，R^2_{2017}=0.969 7，R^2_{2018}=0.991 5）（图 4.5），根据拟合曲线推算，2015～2018 年的峰值降河速度分别出现在洄游距离 982 km、1 055 km、924 km 和 978 km 4 处位置（位于彭泽至铜陵江段），对应的峰值降河速度分别为 76.76 km/d、102.21 km/d、83.62 km/d 和 104.86 km/d。

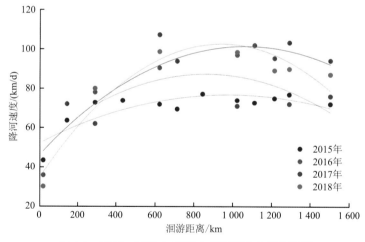

图 4.5　2015～2018 年标记中华鲟群体的降河速度

从个体角度出发，统计所有监测到的标记中华鲟个体在各监测断面间的降河速度。结果显示，2015～2018 年标记中华鲟个体在相邻监测断面间的降河速度变动趋势较为一致，且均符合二次多项式合曲线（R^2_{2015}=0.948 6，R^2_{2016}=0.928 2，R^2_{2017}=0.945 7，R^2_{2018}=0.957 8）（图 4.6）。2015～2018 年的峰值降河速度分别出现在洄游距离 950 km、984 km、1 093 km 和 958 km 4 处位置（位于安庆至铜陵江段），对应的峰值降河速度分别为 74.76 km/d、100.59 km/d、77.84 km/d 和 102.47 km/d。

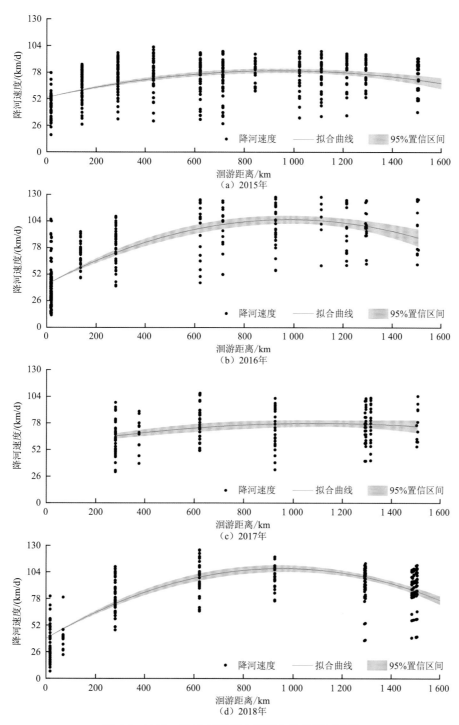

图 4.6　2015～2018 年标记中华鲟个体的降河速度

从群体角度和个体角度来比较分析中华鲟的降河速度,其总体变动趋势均表现为先增加后减少。中华鲟抵达各监测断面时具有相对集中性,即放流群体中多数个体会集群通过监测断面，而少数个体的游动则相对滞后。随着洄游距离的增加，这种群体分散趋势愈加明显。群体角度下的降河速度基本不受滞后个体数量影响，但个体角度下的降河速度包含了全部监测个体的降河速度，洄游距离越大，滞后个体抵达监测断面的洄游时间越长，降河速度也相应的下降。这就导致个体角度下推算的降河速度必然低于群体角度下推算的降河速度，且洄游距离越长，这种差异就越明显。

但实际上，群体角度下的降河速度并未显著高于个体角度下的降河速度，两者之间的差值范围保持在 1.6～5.8 km/d，且两者在不同洄游江段呈现此消彼长的情况（图 4.7）。之所以出现这种情况，可能是标记放流追踪的中华鲟数量总量偏少，且随着洄游距离增加，下游监测断面监测到的有效中华鲟数量也在逐渐下降（单个监测断面的中华鲟监测数量均不超过 68 尾），这就导致了统计结果出现偏差。据此判断，当统计量不大时，个体角度的降河速度计算方式可能更接近于中华鲟洄游的真实情况，但统计量达到一定规模后，两者的计算结果差异会逐渐加大，群体角度的计算结果则更具代表性。

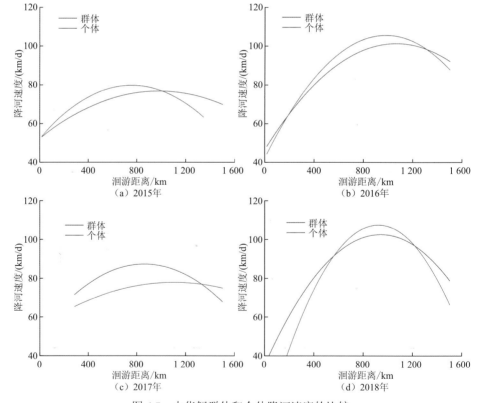

图 4.7　中华鲟群体和个体降河速度的比较

在保持目前标记中华鲟放流规模的前提下，为尽量准确估算标记中华鲟群体在降河洄游过程中的平均降河速度，以所有标记中华鲟个体的平均通过时间计算群体的降河速度。据此方案计算，2015～2018 年标记中华鲟降河洄游过程中的平均降河速度分别为 72.31 km/d、85.27 km/d、73.75 km/d 和 78.55 km/d，多年平均降河速度为 77.47（±5.84）km/d。

4.1.2　降河速度与流速的相关性

从中华鲟在宜昌江段被放流进入长江自然水体开始，至其游抵长江口，全程需要向下迁徙约 1 800 km。越往下游江段，长江主河道承接的水体体量就越大，而不同江段的地形千差万别，水文情势差异也极大，这可能对中华鲟的降河速度产生极大影响。

为了深入分析中华鲟降河速度与长江干流流速的相关性，首先计算 2015～2018 年各监测断面的江水流速。长江中下游监测范围内共有 10 个具备长期监测功能的水文站（宜昌、监利、沙市、螺山、城陵矶、汉口、九江、湖口、大通和长江口）。选择监利、武汉、彭泽、南京和江阴为节点断面，计算各节点断面之间江段的平均江水流速。假设两个节点断面之间干流江段的平均江水流速基本一致，可依据标记中华鲟通过相应江段的日期推算相应节点断面的水位、流量等信息（推算方法见表 4.1），并进一步估算干流江段的平均江水流速。

表 4.1　长江中下游干流主要江段江水流速的推算方法

编号	江段	里程/km	备注
S0	放流点至宜昌	0	采用宜昌水文站流量和水位数据
S1	宜昌至监利	280	流量采用沙市水文站流量数据，水位采用沙市水文站和螺山水文站水位数据线性插值
S2	监利至武汉	622	采用汉口水文站流量和水位数据
S3	武汉至彭泽	927	流量采用九江水文站和湖口水文站流量数据之和，水位采用九江水文站和大通水文站水位数据线性插值
S4	彭泽至南京	1 294	流量采用大通水文站流量数据，水位采用大通水文站和长江口水文站水位数据线性插值
S5	南京至江阴	1 502	

2016 年长江中下游干流各江段的江水流速明显高于其他年份（$P<0.01$，one way ANOVA），2015 年、2017 年和 2018 年各江段的平均江水流速差异不明显（$P>0.05$，one way ANOVA），长江中下游的整体江水流速情况表现为：2016 年［（94.07±11.24）m/s］>2017 年［（75.66±12.10）m/s］>2015 年［（73.20±11.15）m/s］>2018 年［（71.38±11.38）m/s］（图 4.8）。江水流速在放流点至监利江段、武汉至铜陵江段有明显的提升过程。

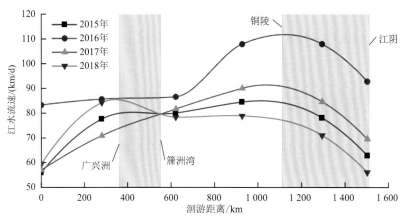

图 4.8　2015～2018 年各江段的平均江水流速

其中，荆州至监利江段虽然弯曲狭长，但其间无大型支流分流，江水流速较为稳定，待江水经过洞庭湖后，长江干流的江水流速稍稍减缓；在武汉至铜陵江段内，江水流速从彭泽开始增速放缓。

江水流速在洪湖下游广兴洲至簰洲湾江段、铜陵至江阴江段有两次较明显的减速。广兴洲至簰洲湾的河道长度约 200 km，其间多弯曲、多沙洲，影响江水下泄，簰洲湾的"Ω"形河道使得江水对上游城陵矶处汇合的江水有顶托作用，江水流速进一步减缓（因簰洲湾减缓水流，可使武汉水位降低约 1 m）；铜陵河道狭长蜿蜒，河道阻力较大，同时河道内有多个沙洲对江水分流，导致江水离开铜陵河道后江水流速减缓。

比较 2015～2018 年放流点至宜昌、宜昌至监利、监利至武汉、武汉至彭泽、彭泽至南京、南京至江阴等江段降河速度与监测断面间江水流速的相关性（表 4.2）。放流点至宜昌江段的降河速度与江水流速呈显著负相关关系（$r=-0.512$，$P<0.018$），即江水流速越大，中华鲟降河速度越慢。除此江段外，中华鲟在其他江段的降河速度均与江水流速呈正相关关系，其中宜昌至监利江段（$r=0.416$，$P<0.048$）、武汉至彭泽江段（$r=0.664$，$P<0.038$）的降河速度与江水流速显著正相关，即江水速度越大，降河速度越快。

表 4.2　2015～2018 年各江段江水流速和降河速度的相关性

江段	江水速度与降河速度的相关性	
放流点至宜昌	Pearson 相关性	−0.512
	显著性（双侧）	0.018*
宜昌至监利	Pearson 相关性	0.416
	显著性（双侧）	0.048*

续表

江段	江水速度与降河速度的相关性	
监利至武汉	Pearson 相关性	0.303
	显著性（双侧）	0.697
武汉至彭泽	Pearson 相关性	0.664
	显著性（双侧）	0.038*
彭泽至南京	Pearson 相关性	1
	显著性（双侧）	0.488
南京至江阴	Pearson 相关性	0.613
	显著性（双侧）	0.387

*表示在 0.05 水平（双侧）上显著相关。

计算中华鲟降河速度与各江段江水流速的差值。当差值=0 时，表明中华鲟的降河速度与江水流速一致，中华鲟随水运动，未表现出明显的自主游动行为；当差值＞0 时，表明中华鲟的降河速度快于江水流速，中华鲟表现出明显的自主游动行为，且游动方向大体与水流方向一致；当差值<0 时，表明中华鲟的降河速度低于江水流速，中华鲟的自主游动方向并非始终与水流方向一致，其会偏向于沿缓流区游动。

在放流点至宜昌、宜昌至监利、监利至武汉、武汉至彭泽、彭泽至南京、南京至江阴等江段，中华鲟降河速度与江水流速差值的正数比例分别为8.04%、43.52%、53.01%、52.51%、58.27%、84.46%（图 4.9）。在降河洄游初期（具体为放流点至红花套江段），极少数的中华鲟（约 8%）表现出明显的主动向下游运动趋势，更多的中华鲟则是努力地让自己不随水运动，这种行为可能出现于中华鲟对新环境的适应过程中。中华鲟努力地"抵抗"新环境下的水流冲击，或趋于缓流区，从而导致其向下的降河速度低于江水流速，江水流速越大，中华鲟表现出的降河速度越慢。经过一段时间后，中华鲟或是基本适应了新环境，或是因体力消耗较大而无法继续进行"抵抗"，越来越多的中华鲟开始主动随水向下迁移。

中华鲟在宜昌至监利江段的降河速度与江水流速呈显著正相关关系，而中华鲟在该江段的降河速度与江水流速差值的正数比例较上一江段有较大幅度增加，表明大多数中华鲟在这一区间已基本完成了环境适应，并开始趁着水势加速向下移动，因而降河速度的增幅大于江水流速的增幅。在监利至武汉江段，得益于长江河道的蜿蜒曲折，江水流速在此江段开始逐渐减缓，中华鲟也得以

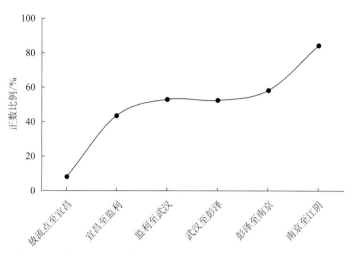

图 4.9　不同江段下中华鲟降河速度与江水流速差值的正数比例

"休整"，更多的中华鲟可以全面融入新的生存环境。南京以下江段，中华鲟的降河速度与江水流速差值的正数比例急剧增加至 84.46%，即 84.46%的中华鲟的降河速度快于江水流速，这可能得益于此江段的江水流速较其前一江段有了较大幅度的降低，而中华鲟的降河速度波动较小，主动向下游运动的中华鲟比例急剧上升。

中华鲟在各江段的降河速度与江水流速差值呈现近似正态分布特点，放流点至宜昌、宜昌至监利、监利至武汉、武汉至彭泽、彭泽至南京、南京至江阴等江段中华鲟的降河速度与江水流速差值的正态分布曲线峰值分别为 -31.66 km/d、-4.03 km/d、0.27 km/d、-0.10 km/d、4.05 km/d、24.26 km/d，随着洄游距离的增加，正态分布曲线的峰值在逐渐向右侧移动（图 4.10）。

从图 4.10 可以看出，中华鲟在放流点至宜昌江段的降河速度与江水流速差值主要集中在 $-65 \sim -5$ km/d，表明中华鲟初次进入长江自然水体后，主要表现为"逆流"运动。结合 3.3 节中中华鲟主动追踪结果，推测中华鲟在此江段的行为更多地表现为在特定区域进行较长时间的停留，这一时期中华鲟能量充足，有足够的体力支持其快速适应新的流水环境。中华鲟在宜昌至南京江段的降河速度与江水流速差值主要集中在 $-25 \sim 25$ km/d，即大部分中华鲟在此江段选择随江水"漂"向下游，但仍有一定数量的个体在"顺流"和"逆流"之间徘徊，其游动方向具有较强的随机性。中华鲟在南京至江阴江段的降河速度与江水流速差值主要集中在 $-15 \sim 45$ km/d，其中 84.46%的差值为正数，这主要是中华鲟幼鱼经过前一阶段的调整后，已表现出更强的自主游动能力，同时，该区段内的江水流速也在逐渐下降，从而更多个体表现出"顺流"。

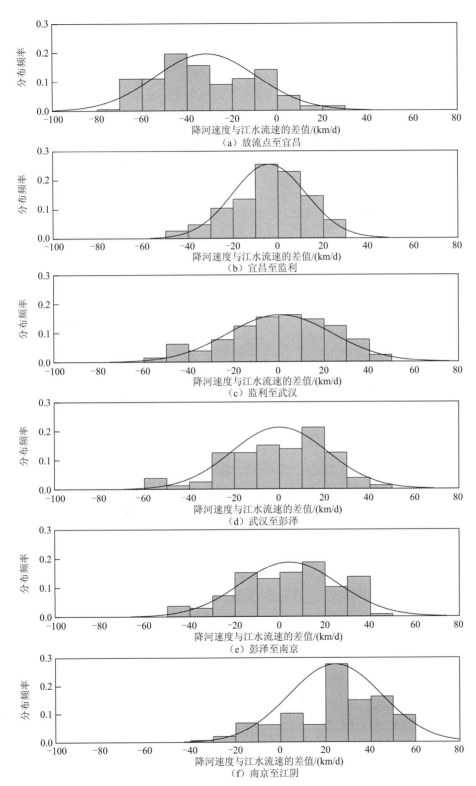

图 4.10 中华鲟降河速度与江水流速差值在不同江段的分布频率

比较中华鲟降河速度与江水流速绝对差值，绝对差值越大，表明鱼体摆脱水流影响的努力越大，表现出的自主游动能力也越强。放流点至宜昌、宜昌至监利、监利至武汉、武汉至彭泽、彭泽至南京和南京至江阴等江段的绝对差值分别为（28.09±15.08）km/d、（18.65±11.50）km/d、（17.36±11.97）km/d、（18.95±13.31）km/d、（13.22±10.23）km/d 和（33.11±20.24）km/d（图 4.11）。放流点至宜昌江段、宜昌至彭泽江段、彭泽至南京江段和南京至江阴江段的绝对差值两两之间的差异极显著（$P < 0.05$，one way ANOVA），高低顺序依次为南京至江阴江段 > 放流点至宜昌江段 > 宜昌至彭泽江段 > 彭泽至南京江段。

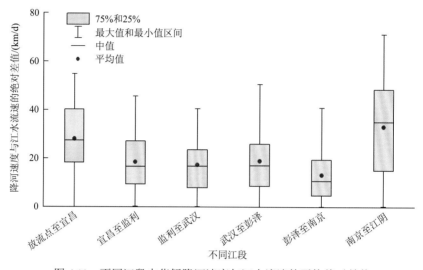

图 4.11   不同江段中华鲟降河速度与江水流速的平均绝对差值

结合不同江段的江水流速变动情况及差值分布情况，做出如下解释：南京至江阴江段绝对差值的增加主要源于该江段江水流速的快速下降，而中华鲟自身的运动速度波动不大，这也证明中华鲟在此江段已经具备了很强的自主游动能力；放流点至宜昌江段的绝对差值仅次于南京至江阴江段，但其江水流速处于降河洄游全程的最低水平，可能是鱼体初入长江自然环境后游动能力激发造成的。宜昌至彭泽江段的绝对差值在 17.36～18.95 km/d 范围内小幅度波动，表明中华鲟在此江段已经基本适应长江水流环境并形成稳定的迁移行为。

标记中华鲟在监测断面通过时间的差异性分析结果，可以为上述结论提供更多的证据支持。中华鲟在通过监测断面监测范围时需要一定的时间，在此期间声呐标记发射的信号可被监测设备多次接收并记录。计算个体通过监测断面监测范围的时长，可以推算标记中华鲟在监测断面内的游动情况，从而了解其在各个江段内的个体运动情况。

首先，统计标记中华鲟在不同年份通过各监测断面的通过时间（图 4.12）。2015 年，中华鲟在宜昌断面的通过时间［（40.76±18.60）min］显著大于其他断面

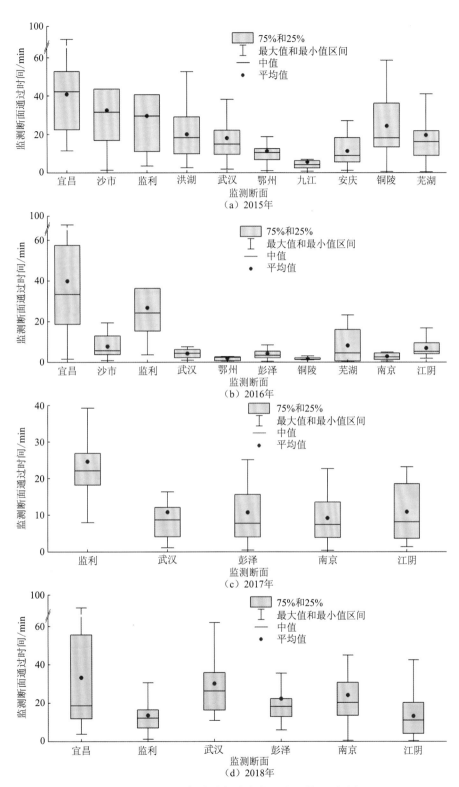

图 4.12　2015～2018 年中华鲟在各监测断面的通过时间

（$P<0.01$，one way ANOVA），在沙市至监利断面的通过时间［（31.05 ± 19.11）min］次之，在监利下游断面的通过时间［（16.91 ± 17.56）min］最低，且监利及其以下断面之间的通过时间无显著差异（$P>0.05$，one way ANOVA）。

2016 年，中华鲟在宜昌断面的通过时间［（39.88 ± 26.05）min］显著大于其他断面（$P<0.01$，one way ANOVA），在监利断面的通过时间［（26.77 ± 16.05）min］次之，而其他监测断面的通过时间［（5.49 ± 6.12）min］无显著差异（$P>0.05$，one way ANOVA）。

2017 年，中华鲟在监利断面的通过时间［（24.63 ± 11.18）min］显著大于其他监测断面，在武汉、彭泽、南京和江阴等监测断面的通过时间［$9.16\sim10.85$ min，（10.12 ± 8.23）min］无显著差异（$P>0.05$，one way ANOVA）。

2018 年，中华鲟在宜昌断面和武汉断面的通过时间分别为（33.22 ± 27.25）min和（30.23 ± 17.46）min，显著大于其他监测断面（$P<0.01$，one way ANOVA），在彭泽断面［（22.25 ± 16.96）min］和南京断面［（24.23 ± 15.47）min］的通过时间次之，在监利断面［（13.60 ± 8.89）min］和江阴断面［（13.18 ± 10.42）min］的通过时间显著低于其他监测断面（$P<0.01$，one way ANOVA）。总的来说，放流初期中华鲟在监测断面的通过时间较长，随着洄游距离的增加，中华鲟在不同监测断面的通过时间差异不大。

选择宜昌、监利、武汉、彭泽、南京和江阴 6 个监测断面作为典型断面进行比较分析。上述 6 个监测断面均设置在靠近河岸一侧的趸船上，理论上监测设备的探测范围为半圆形（河道水深远小于探测半径，故只按二维方式进行分析）。标记中华鲟通过监测设备探测范围的长度为 L_m，当标记中华鲟经过监测断面，全程沿站点一侧河岸游动时 L_m 最大，为监测设备有效探测距离（r）的 2 倍（图 4.13）。监测设备的有效探测距离为 $600\sim800$ m（受断面形态、水体浑浊度、航运噪声等因素影响而存在差异），分析时取 800 m 为监测断面的有效探测半径。

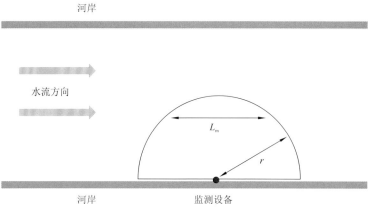

图 4.13　中华鲟通过监测断面示意图

为了便于理解中华鲟的活动情况，我们假设：只要出现在监测范围内，标记中华鲟均会被监测到信号，同时，标记中华鲟在通过监测断面时只沿水流方向进行平行移动。据此认为：①当中华鲟靠近岸线活动时，其通过时长最大，当其远离岸线游动时，其通过时长减少。②当中华鲟在通过断面时完全随水流移动，无自主游动行为时，中华鲟通过断面的速度即为江水流速，中华鲟通过断面的理论时长与水流通过时长（$T_{水流}$）一致。当中华鲟存在自主游动行为且游动方向与水流方向相同时，中华鲟通过断面的速度大于江水流速，通过断面的实际时长将小于理论时长，即 $T_{顺水} < T_{水流}$；而当中华鲟自主游动方向与水流方向相反时，个体通过断面的速度小于江水流速，实际通过时长大于理论时长，即 $T_{逆水} > T_{水流}$。

统计中华鲟在监测断面的通过时间与江水通过监测范围的最大时长，将两者差值的负数比例作为中华鲟顺江游动的比例。

中华鲟集中通过上述监测断面时江水流速的推算方法见表 4.1，据此计算江水通过监测范围的时间，即标记中华鲟通过监测断面的理论时长，计算结果见表 4.3。

表 4.3　各监测断面江水通过监测范围的最长理论时长　　　（单位：h）

监测断面	2015 年	2016 年	2017 年	2018 年
宜昌	41.14	27.66	28.36	38.73
监利	29.68	26.90	32.47	27.34
武汉	28.78	26.60	28.20	29.38
彭泽	27.27	21.34	25.59	29.19
南京	29.47	21.33	27.21	32.43
江阴	36.66	24.82	33.12	41.06

比较中华鲟在各监测断面的通过时间与江水通过监测范围的最长理论时长，统计两者的负数比例分布情况。宜昌断面的比例为（35.54±21.28）%，显著低于其下游的各个断面（$P < 0.01$，one way ANOVA），而监利断面的比例为（70.15±18.75）%，显著低于其他断面（$P < 0.05$，one way ANOVA）；武汉断面的比例为（82.51±17.65）%，虽略低于彭泽、南京和江阴 3 个断面，但 4 个断面的比例无显著差异（$P > 0.05$，one way ANOVA）。

中华鲟的顺江游动比例在宜昌、监利断面有了较为明显的增加，表明中华鲟在上述水域内已经可以快速适应新的水流环境并主动向下运动，这一趋势在武汉断面已经十分明显。随着洄游距离的继续增加，中华鲟实际通过监测断面的时长呈减小趋势，证明了中华鲟在降河洄游过程中可以自主适应自然水体环境，并表现出较好的自主游动能力。

4.1.3　降河速度与个体年龄的相关性

2015～2021 年，中华鲟研究所共标记中华鲟 318 尾，年龄 3～12 龄，体重 1.2～64.5 kg[（13.58±10.74）kg]，体长 70～180 cm [（110.49±22.98）cm]，全长 83～210 cm[（132.96±26.71）cm]，放流个体均为雄性。

标记中华鲟的体长与全长呈极显著线性正相关关系（$r=0.986$，$P<0.01$），体重与体长、全长呈极显著线性正相关关系（$r>0.92$，$P<0.01$），即标记中华鲟的体重随着鱼体长度的增加而线性增长；而年龄与体重、体长、全长呈极显著线性正相关关系（$r>0.80$，$P<0.01$），表明标记中华鲟的年龄越大，其体重越大，鱼体长度也越大，即鱼体规格越大（表 4.4）。

表 4.4　标记中华鲟各生物学指标的相关关系

		年龄	体重	体长	全长
年龄	Pearson 相关性	1	0.808[**]	0.827[**]	0.831[**]
	显著性（双侧）		0.000	0.000	0.000
体重	Pearson 相关性		1	0.927[**]	0.939[**]
	显著性（双侧）			0.000	0.000
体长	Pearson 相关性			1	0.986[**]
	显著性（双侧）				0.000
全长	Pearson 相关性				1
	显著性（双侧）				

**表示在 0.01 水平（双侧）上显著相关。

中华鲟在宜昌江段游动时，其个体年龄与洄游时间呈极显著正相关关系（$r=0.256$，$P<0.01$），即年龄越大，抵达监测江段所需的时间越长，其间的降河速度越低；除监利和鄂州江段外，中华鲟抵达其他监测江段的耗时与个体年龄呈较弱的负相关关系（$|r|<0.18$），但相关性均不显著（$P>0.05$）（表 4.5）。进一步分析各监测江段不同年龄组间的时间差异。单因素方差分析结果显示，不同年龄的中华鲟抵达监测江段所需的时间，均可大致分为大、中、低 3 组：宜昌江段，9 龄>7 龄>（4 龄、5 龄）；监利江段，7 龄>（4 龄、6 龄）>（5 龄、9 龄）；武汉江段，（4 龄、6 龄）>（5 龄、9 龄）>7 龄；鄂州江段，7 龄>4 龄>5 龄；南京江段，6 龄>（4 龄、5 龄）>（7、9 龄）；江阴江段，6 龄>（4 龄、8 龄、9 龄、10 龄）>（5 龄、7 龄）。在宜昌和鄂州江段，大龄中华鲟游动时间长，降河速度最慢，而在监利和南京江段，大龄个体的降河速度最快，但在其他江

段，大龄个体和低龄个体的降河速度差异并不显著（$P>0.05$）。

表 4.5　中华鲟个体年龄与抵达不同监测江段耗时的相关性

监测江段	相关性	
放流点至宜昌	Pearson 相关性	0.256**
	显著性（双侧）	0.002
宜昌至荆州	Pearson 相关性	−0.060
	显著性（双侧）	0.595
荆州至监利	Pearson 相关性	0.050
	显著性（双侧）	0.518
监利至武汉	Pearson 相关性	−0.173
	显著性（双侧）	0.052
武汉至鄂州	Pearson 相关性	0.185
	显著性（双侧）	0.177
鄂州至彭泽	Pearson 相关性	−0.062
	显著性（双侧）	0.560
彭泽至安庆	Pearson 相关性	−0.113
	显著性（双侧）	0.558
安庆至铜陵	Pearson 相关性	−0.181
	显著性（双侧）	0.284
铜陵至芜湖	Pearson 相关性	−0.124
	显著性（双侧）	0.445
芜湖至南京	Pearson 相关性	−0.112
	显著性（双侧）	0.289
南京至江阴	Pearson 相关性	−0.085
	显著性（双侧）	0.436

**表示在 0.01 水平（双侧）上显著相关。

4.1.4　最短洄游时间预测

在中华鲟降河洄游过程中，并非是一尾鱼从始至终保持领先，及时掌握每个监测断面的监测数据，对于工作人员灵活调整监测站点十分重要。提取不同年份各监测断面首尾中华鲟的洄游时间，并将其与洄游距离进行比较，发现各年份的最短洄游时间与中华鲟的洄游距离均呈极显著正相关（2015 年，$r = 0.999$，$P <$

0.01；2016 年，$r = 0.989$，$P < 0.01$；2017 年，$r = 0.985$，$P < 0.01$；2018 年，$r = 0.998$，$P < 0.01$；2019 年，$r = 0.976$，$P < 0.01$；2020 年，$r = 0.997$，$P < 0.01$）。

若将最短洄游时间和洄游距离作为坐标轴的 X 轴和 Y 轴，线性拟合的斜率则可以理解为中华鲟在降河洄游过程中的最快降河速度，2015～2020 年标记中华鲟最短洄游时间与洄游距离的线性拟合斜率分别为 105.02（$R^2 = 0.998$）、132.82（$R^2 = 0.979$）、113.22（$R^2 = 0.976$）、108.34（$R^2 = 0.996$）、128.39（$R^2 = 0.997$）和 130.05（$R^2 = 0.993$），即标记中华鲟在降河洄游过程中的平均最快降河速度分别为 105.02 km/d、132.82 km/d、113.22 km/d、108.34 km/d、128.39 km/d 和 130.05 km/d（图 4.14），多年平均最快速度为（119.64±12.18）km/d。

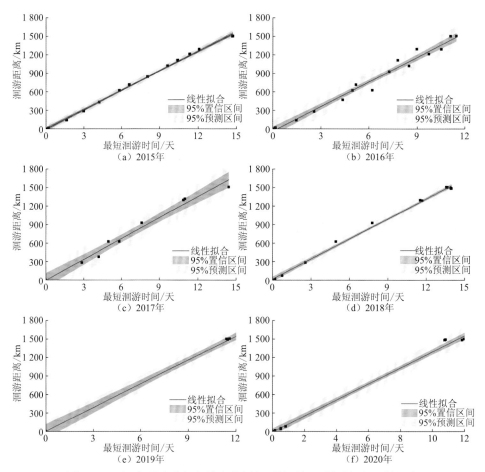

图 4.14　不同年份中华鲟抵达各监测断面的最短洄游时间与洄游距离

三峡水库下泄水流进入宜昌江段后，部分水流于荆江河段的三口（松滋口、太平口和藕池口）汇入洞庭湖，其余水流则由干流流出。汇入洞庭湖的水流再与洞庭湖"四水"水流交汇后，于城陵矶站与监利站干流的水流交汇。王继竹（2016）认为，长江中游小洪水过程致洪面雨量与宜昌站流量存在一定的线性关系。考虑中华鲟在降河洄游过程中，其游动行为与河道水文条件密切相关，而三峡水利枢纽的调度运行又对宜昌江段及其以下干流江段的水文（流量和流速）起到控制性作用，比较 2015～2020 年各监测江段的流量、水位与标记中华鲟到达监测断面的最短洄游时间的相关性，发现最短洄游时间与放流当日宜昌江段干流流量（$P < 0.01$，$r = 0.994$）和水位（$P < 0.05$，$r = 0.968$）显著正相关，三者的关系可表述为

$$L = \left(\frac{74.3Q}{900H - 22\,200} + 64.2 \right) \cdot T \qquad (4.1)$$

式中：L 为降河洄游距离（km）；Q 为放流时宜昌水文站流量（m³/s）；H 为放流时宜昌水文站水位（m）；T 为标记中华鲟达到断面的最短洄游时间（d）。

利用 2021 年的监测数据对式（4.1）进行验证。根据式（4.1）推算，2021 年中华鲟游抵江阴江段的理论最短洄游时间为 13.2 d，略长于实际最短洄游时间 12.3 d，误差 7.3%，推算结果基本符合实际。利用式（4.1）可推算出标记中华鲟到达各江段的较准确时间，帮助科研人员提前安排工作行程及相关工作内容，在中华鲟放流追踪工作中具有一定的应用价值。

4.2　中华鲟的沿江通过率

4.2.1　中华鲟在长江干流的分布

2015～2021 年分别对 60 尾、60 尾、41 尾、50 尾、30 尾、40 尾和 37 尾不同规格的中华鲟进行声呐标记追踪研究。距离放流点最近的红花套断面的平均断面通过率达到 97.08%（90%～100%），监利、武汉、彭泽和南京断面的平均断面通过率依次为 87.89%（78%～96.67%）、75.48%（64%～82.93%）、64.57%（54%～78.05%）和 48.83%（43.33%～60.98%），江阴断面的平均断面通过率为 52.54%（23.33%～73.33%）（图 4.15），各断面的中华鲟断面通过率与洄游距离呈极显著负相关关系（$r = -0.989$，$P < 0.01$），即中华鲟断面通过率随洄游距离的增加而减少。

需要注意的是，江阴断面的平均断面通过率稍高于南京断面，这可能是因为研究人员于 2019 年对江阴断面展开了重点监测，监测设备从 2 台增加至 7 台，并适当调整了监测站点布设位置，对江阴江段形成了更加密集的布控，使得中华鲟断面通过率（2019～2021 年平均断面通过率为 67.8%）较前期（2015～2018 年平均断面通过率为 41.1%）有了大幅提升。2019 年江阴断面通过率达 73.33%，远高于 2015～2018 年江阴断面通过率（分别为 35%、23.33%、46.34% 和 42%）。

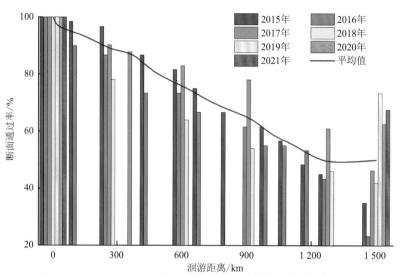

图 4.15　2015～2021 年标记中华鲟在各监测断面的断面通过率

　　但是，73.33%的江段通过率是否为偶然出现？如何保持或有效提升断面通过率？2020 年，研究人员将江阴江段的监测设备数量增加至 10 台，形成了 3 个监测断面，2020 年江阴江段断面通过率达到 62.5%；2021 年在江阴江段设置了 4 个监测断面，监测设备调整至 8 台，断面通过率仍能达到 67.57%（图 4.16）。江阴江段的断面通过率与监测设备数量呈极显著正相关关系（$r = 0.909$，$P < 0.01$），表明增加监测设备数量可以较大程度提高目标个体的监测效果。若各断面均适当增加监测设备数量，中华鲟在各江段的断面通过率都可能在现有结果基础上出现一定幅度的增加。2019～2021 年的断面通过率并未随设备数量的增加而显著增加（$P > 0.05$），这表明 62.5%～73.33%的断面通过率接近真实的中华鲟断面通过率（图 4.16）。

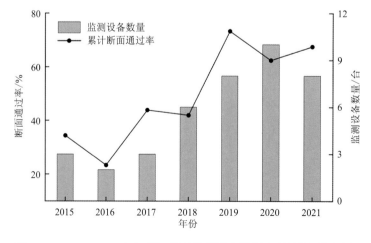

图 4.16　2015～2021 年江阴江段的监测设备数量和累计断面通过率

截至 2021 年，中华鲟研究所已向长江流域放流超过 504 万尾中华鲟，其中包括约 18 100 尾亚成体中华鲟（4 龄以上）和 35 尾产后亲鱼。按 52.54%的江阴断面平均断面通过率计算，至少有 9 528 尾放流中华鲟进入河口水域，而按 62.5%～73.33%的接近实际断面通过率计算，可能有 11 334～13 298 尾放流中华鲟顺利入海。在当前中华鲟自然种群极度濒危的状况下，这些放流个体在中华鲟自然种群数量的补充中发挥了重要作用。

4.1.1 小节中提到，中华鲟放流群体在抵达各监测断面时均表现出一定的规律性，即部分中华鲟会首先集中出现在某个断面，剩余个体则在后续较长一段时间内陆续出现，其在监测断面的断面通过率呈现正偏态分布特点。而 P-III 曲线是一条一端有限一端无限的不对称单峰、正偏曲线，较为符合中华鲟的分布特征，为准确掌握中华鲟降河洄游过程在长江干流的分布情况，采用 P-III 曲线对中华鲟在各监测断面不同时间内的断面通过率进行模型推算。考虑到中华鲟的监测记录是非连续的，需要对单个中华鲟的监测记录进行扩展，令其变为一个连续的概率分布函数。

故中华鲟沿江断面通过率的概率分布函数可以表示为

$$f(x) = \frac{\beta^{\alpha}}{\Gamma(\alpha)}(x-a_0)^{\alpha-1}\,\mathrm{e}^{-\beta(x-a_0)} \tag{4.2}$$

式中：x 为每尾中华鲟放流个体的降河洄游时间（d）；$\Gamma(\alpha)$ 为 α 的伽马函数；α、β、a_0 分别为 P-III 曲线的形状参数、尺度参数、位置参数，其中 $\alpha > 0$，$\beta > 0$。这三个参数与样本的参数平均数 $E(x)$、变异系数 C_v、偏差系数 C_s 具有如下关系：

$$a_0 = E(x)\left(1 - \frac{2C_v}{C_s}\right)$$
$$\alpha = \frac{4}{C_s^2} \tag{4.3}$$
$$\beta = \frac{2}{E(x)C_v C_s}$$

选取 2015～2018 年监利、武汉、彭泽（九江）、南京和江阴 5 个常设监测断面作为代表断面进行统计分析。根据式（4.2）、式（4.3），对上述 5 个监测断面 2015～2018 年的监测结果进行统计分析（图 4.17）。

从图 4.17 中可知，90%的中华鲟会在 2.48～17.05 d 内陆续抵达监利断面，平均洄游时间为（4.22±0.55）d，但中华鲟集中通过监利断面的峰值时间为放流后（3.76±0.26）d，断面通过率峰值为（56.59±7.64）%。

95%的中华鲟会在 4.42～19.79 d 内抵达武汉断面，平均洄游时间为（8.04±1.41）d，集中通过武汉断面的峰值时间为放流后（6.29±0.86）d，断面通过率峰值为（42.98±7.81）%。

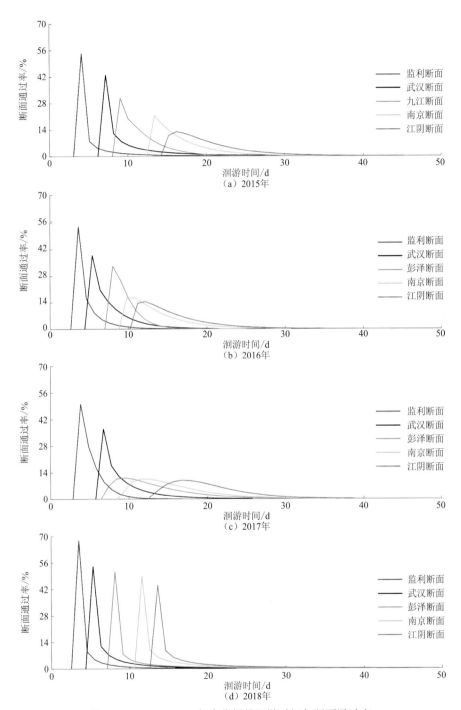

图 4.17 2015～2018 年中华鲟的洄游时间与断面通过率

　　75%的中华鲟会在 6.30～22.09 d 内抵达彭泽断面，平均洄游时间为
（10.8±1.69）d，集中通过彭泽断面的峰值时间为放流后（8.66±0.71）d，断面
通过率峰值为（31.61±16.37）%。

93%的中华鲟会在 10.62～27.07 d 内抵达南京断面，平均洄游时间为（15.16±1.83）d，集中通过南京断面的峰值时间为放流后（12.23±1.57）d，断面通过率峰值为（24.39±16.98）%。

84%的中华鲟会在 12.8～29.81 d 内抵达江阴断面，平均洄游时间为（17.9±2.23）d，集中通过江阴断面的峰值时间为放流后（14.74±2.12）d，断面通过率峰值为（20.39±15.96）%。

使用最小二乘法对最长、最短、平均和峰值洄游时间与洄游距离进行多项式拟合。多次拟合后发现，最长洄游时间与洄游距离需要进行 5 次多项式拟合（$R^2 = 1$，$b = 0$），最短洄游时间与洄游距离需要进行 4 次多项式拟合（$R^2 = 0.999\ 5$，$b = -0.017\ 8$），平均洄游时间与洄游距离需要进行 2 次多项式拟合（$R^2 = 0.008\ 4$，$b = 0.145\ 8$），峰值洄游时间与洄游距离需要进行 2 次多项式拟合（$R^2 = 0.994\ 0$，$b = 0.400\ 9$）。根据拟合结果推算，当年放流的子二代中华鲟将会在放流后 14.23～37.15 d 陆续出现在长江口水域（江阴下游约190 km），平均洄游时间为 21.03 d，其中峰值洄游时间为 17.31 d（图 4.18）。

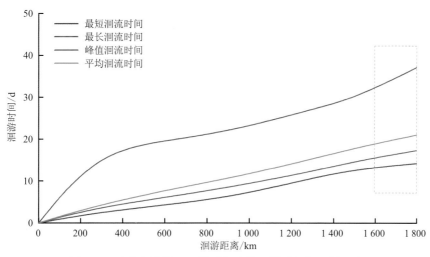

图 4.18　中华鲟在降河洄游过程中的洄游时间与洄游距离

4.2.2　中华鲟在长江支流的分布

研究人员于 2016～2021 年分别在松滋口（松滋河）、宜都（清江）、城陵矶（洞庭湖）、汉阳（汉江）、湖口（鄱阳湖）、江都（芒稻河）等支流河湖设置了固定监测站点，共监测到 52 尾标记中华鲟进入支流水体，其中，进入松滋河 37 尾，占进入支流中华鲟数量的 71.2%，鄱阳湖和汉江的比例紧随其后，但比例只占到 9.6%和 7.7%（图 4.19）。

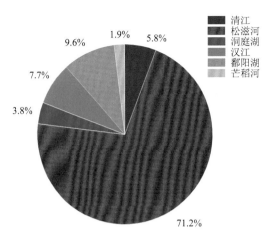

图 4.19　2016～2021 年标记中华鲟进入支流水体的比例

　　从监测数据来看，标记中华鲟进入松滋河的时间一般在放流后的 1～4 d，进入数量可达当年标记放流总量的 13.51%～32%（平均 22.42%），远超其他支流。而标记中华鲟进入清江的比例仅为 7.50%，荆江及其以下江段的比例则均未超过 7.50%（表 4.6）。大多数进入支流的标记中华鲟在经历短暂停留后可以自行返回干流继续降河洄游，2018～2021 年标记中华鲟进入松滋河后分别有 81%、80%、90.9% 和 80% 的个体再次返回长江，2017 年标记中华鲟游经湖口断面进入鄱阳湖后有 67% 的标记中华鲟再次返回长江，进入其他支流后标记中华鲟均 100% 返回长江干流。需要注意的是，标记中华鲟在松滋口的平均通过时间为 763.25 min，远超城陵矶等其他 4 个站点的平均通过时间，其间平均降河速度为 64.34 km/d。

表 4.6　2016～2020 年进入支流水体的标记中华鲟的情况

支流	年份	进入数量/尾	占当年标记总量比例/%	离开数量/尾	平均通过时间/min
清江	2020	3	7.50	3	300.00
松滋河	2021	5	13.51	4	802.00
	2020	11	27.50	10	1 068.00
	2019	5	16.67	4	925.00
	2018	16	32.00	13	258.00
洞庭湖	2019	1	3.33	1	20.00
	2016	1	1.67	1	9.00
汉江	2019	2	6.67	2	23.63
	2017	1	2.44	1	17.52
	2016	1	1.67	1	474.00

续表

支流	年份	进入数量/尾	占当年标记总量比例/%	离开数量/尾	平均通过时间/min
鄱阳湖	2019	2	6.67	2	34.00
	2017	3	7.32	2	—
芒稻河	2019	1	3.33	1	3.00
合计		52		45	

要弄清中华鲟大量进入松滋河的原因，首先需要了解松滋河附近的特殊水文情势。荆南三河（松滋河、虎渡河、藕池河）是荆江与洞庭湖水沙连接的重要通道，近年来荆江三口（即松滋口、太平口、藕池口）分流分沙呈持续大幅衰减中，但松滋河的衰减幅度最小，现已成为荆江三口洪道中分流分沙量最大的洪道。在三峡水库蓄水拦沙后，进入松滋河的低含沙量水流有较大挟沙能力，对河床的冲刷作用加强，导致松滋口门崩岸产生的泥沙不断输移至下游的芦家河浅滩碛坝，从而形成"束窄"作用（徐会显 等，2022；于丹丹 等，2017），保证有较大流量（约占长江松滋江段来水平均径流量的10%）进入松滋河，而进入松滋河的水流基本不再向长江复流（黄火林和肖虎程，2007）。研究显示，松滋口外侧的陈二口至毛家场段深泓最大平面摆幅达 500 m，深泓线纵剖面沿程呈锯齿状变化，且起伏较大（岳红艳 等，2020），在这种地形的影响下，尽管松滋口承受了较大的上游来水冲击，并冲刷形成了较深的河槽（图 4.20），但流速较缓。

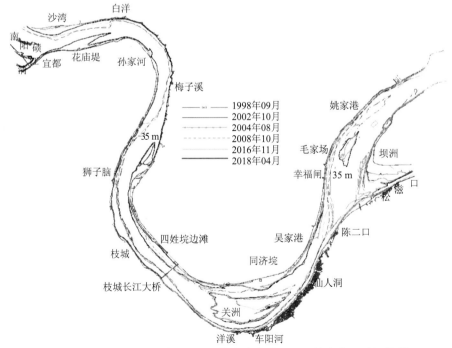

图 4.20 宜都至松滋口河段不同年份 35 m 等高线岸线和深泓线变化（岳红艳 等，2020）

每年 4 月开展中华鲟放流活动时，三峡水库正处于汛前消落期，长江干流水位高于松滋河水位，上游来水分流进入松滋河（图 4.21）。而标记中华鲟在游经该江段时，仍处于适应流速的阶段，主要表现为随江水"顺流而下"，这使得部分中华鲟"被迫"进入水位深、流速低的松滋口区域活动并进入松滋河，从而导致标记中华鲟误入松滋河的比例明显高于其他支流。

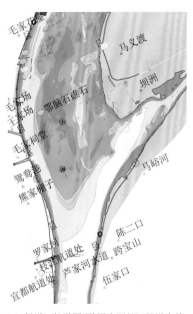
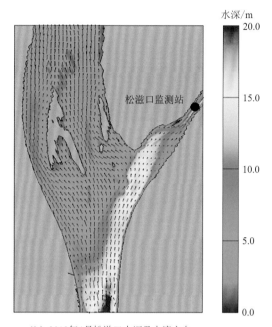

（a）松滋口航道图（数据来源长江航道在线，
http://www.cjienc.cn）

（b）2018年4月松滋口水深及水流方向

图 4.21　松滋口水域的地形及水深分布

4.2.3　中华鲟断面通过率的衰减

尽管中华鲟在各监测断面的断面通过率随着洄游距离的增加而逐渐减小，但断面通过率的衰减幅度并未呈现出较为一致的规律性，不同江段之间的衰减幅度存在较大的差异。各江段的断面通过率平均衰减幅度为 5.76%（2.33%～9.66%），放流点至彭泽江段的平均衰减幅度为 5.29%（2.33%～8.89%），而彭泽至南京江段的平均衰减幅度为 6.71%（3.95%～9.66%）。

其中，沙市至武汉江段和彭泽至芜湖江段的断面通过率平均衰减幅度较大，分别达到 7.07% 和 7.63%，其次为武汉至九江江段，断面通过率平均衰减幅度为 6.02%，放流点至沙市江段的断面通过率平均衰减幅度最低，仅为 2.96%（图 4.22）。总的来看，中华鲟在彭泽至芜湖江段的"损失"情况最为严重，沙市至武汉江段次之，而在红花套至沙市江段损失最小。

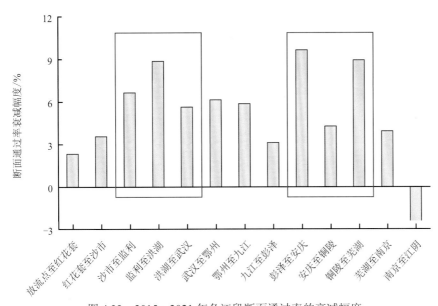

图 4.22　2015～2021 年各江段断面通过率的衰减幅度

为了全面掌握中华鲟在降河洄游过程中的损失情况,选取最适合的数学模型对中华鲟在各江段的衰减特征进行模拟分析。根据中华鲟降河速度及断面通过率的研究结果,发现中华鲟在放流后的降河洄游行为具有很强的目的性,其降河速度与长江干流的径流量、流速保持较为一致的变化趋势,其在河道中的分布趋势(数量变化)较为符合一级动力学反应模型。

一级动力学反应模型是指反应速率与系统中反应物含量的一次方成正比的反应,该模型有很多应用,如放射性衰变、人体内药物吸收与排除、污染物降解等,其数学微分方程为

$$\frac{\mathrm{d}C}{\mathrm{d}t} = -kx \tag{4.4}$$

式中:C 为 t 时刻系统中反应物含量;t 为时间;k 为反应速率常数,$k > 0$;负号表示反应物的含量在衰减。假设中华鲟降河洄游过程中的数量符合方程(4.4),方程中的参数可赋予如下含义:C 为中华鲟数量(尾),k 为衰减系数,x 为距离(km)。

设定中华鲟初始数量为 C_0(尾),移动速度为 u(km/d),则降河洄游过程中中华鲟通过各断面的数量为

$$C = C_0 \mathrm{e}^{-\frac{kx}{u}} \tag{4.5}$$

选取 2015～2018 年监利、武汉、彭泽(九江)、南京和江阴 5 个常设监测断面作为代表断面进行统计分析。结果显示,2016 年各监测断面的断面通过率衰减系数(k)呈持续增加趋势,至九江断面时断面通过率已下降至 66.67%,

彭泽至南京江段的衰减系数高达 0.095，到南京至江阴江段时，衰减系数虽然下降至 0.069，但沿途的高损失率导致江阴断面的断面通过率已下降至历史最低水平（23.33%）。2015 年、2017 年和 2018 年的断面通过率衰减系数表现出较为一致的变动趋势（图 4.23），在长江中游江段，监利至武汉江段的衰减系数（平均值 0.054±0.013）远高于放流点至武汉江段（平均值 0.025±0.014）和武汉至彭泽江段（平均值 0.032±0.023）；在长江下游江段，南京至江阴江段的衰减系数（平均值 0.055±0.021）高于彭泽至南京江段（平均值 0.042±0.006），总体上看，中华鲟在长江下游江段的衰减幅度大于长江中游。

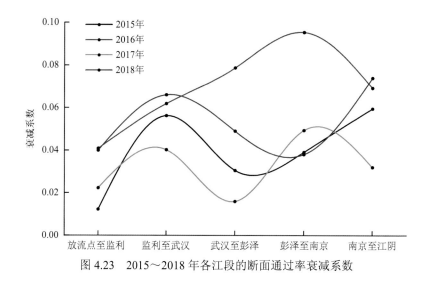

图 4.23　2015~2018 年各江段的断面通过率衰减系数

沙市至武汉江段（约 485 km）主要包含沙市至城陵矶江段和城陵矶至武汉江段，两个江段均呈现蜿蜒曲折，河道较窄的特征，河道易淤积成沙洲、浅滩，部分江段的深泓紧贴一侧江岸。沙市至武汉江段是长江航道的咽喉之地，相对狭窄的航道导致深水区的船舶密度明显高于非航道区，而非航道区的沙洲浅水区又不利于中华鲟这种大型鱼类的活动。随着荆江航道整治工程的实施，航道区继续扩大，这种风险只增不减。

安庆至芜湖江段约 190 km，河道流路曲折，水流分散，洲滩众多，河道宽度一般在 1 km 左右，河道顺直段，受两岸山地限制，河道较稳定，河道分汊段一侧为冲积平原（左岸居多），一侧为深槽（右岸居多），河道变化较多（徐峰，2007）。该江段是长江中下游货物运输的重要中转枢纽地，自 2018 年航道整治工程开始后，航道逐渐深水化，万 t 级海轮可直抵安庆港。一般情况下，3 000~5000 t 货船满载吃水深度为 3~6 m，而万 t 级货船的吃水深度在 9~10 m。而南京及下游江段是航运重点水道，我国近年来着力打造的长江南京以下 12.5 m

深水航道工程使 5 万 t 级集装箱船可全潮通航，10 万 t 级及以上海轮可减载乘潮通航，船舶吃水深度可达 11.36～12.5 m，且沿江货轮吞吐量持续增长。当中华鲟在安庆以下江段活动时，必须确保在十数米以下水层活动，才能保证个体安全（芜湖、南京江段发现多尾被击伤致死的放流中华鲟，具体信息见 4.4 节）。

4.2.4　年龄与断面通过率的关系

2015 年至今，共标记放流中华鲟 318 尾，包含 9 个年龄组（3～10 龄及 12 龄）。中华鲟规格与年龄是否会对其在沿途各断面的断面通过率产生影响？4.1.3 小节中提到，标记中华鲟的年龄与规格（体长、全长、体重）呈极显著线性正相关关系，因此，选取年龄作为代表性指标，分析其与中华鲟断面通过率的相互关系。除 2015 年外，其余年份的中华鲟均存在 2 个及以上年龄分组，且 2019 年和 2021 年仅对特定江段开展针对性监测，故只对 2016 年、2017 年、2018 年和 2020 年的断面通过率进行比较。

结果显示，2016 年中华鲟在降河洄游的大部分江段（放流点至芜湖江段，约占 80%洄游里程），5 龄鱼和 4 龄鱼的断面通过率始终高于 7 龄鱼，但经过南京江段以后，4 龄鱼的断面通过率骤然下降，至江阴断面时，4 龄鱼的断面通过率已从 35%（南京）下降至 5%，5 龄鱼和 7 龄鱼断面通过率的下降幅度则保持稳定。

不同年龄中华鲟在 2017 年和 2018 年的断面通过率表现出相对稳定的变化趋势，即 2017 年 6 龄鱼的断面通过率均高于 5 龄鱼，而 2018 年 7 龄鱼的断面通过率虽然略微高于 9 龄鱼，但两个年龄组的差值极小，最大差值仅为 7.6%（监利江段）。

2020 年，3 龄鱼的断面通过率仅在放流点至红花套江段略高于 8 龄鱼和 6 龄鱼，其他江段 8 龄鱼的断面通过率则明显高于 3 龄鱼和 6 龄鱼，且差距在不断扩大，至江阴断面时，差值达到 25%，6 龄鱼的断面通过率则始终低于其他年龄组（图 4.24）。

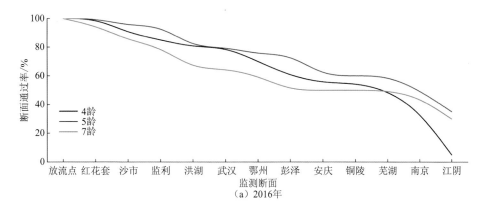

（a）2016年

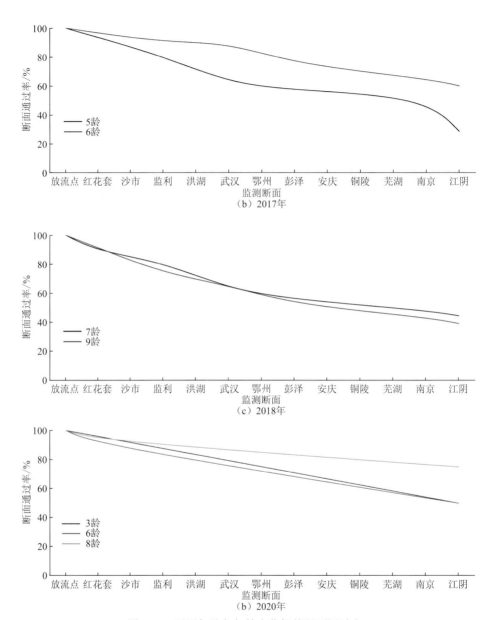

图 4.24　不同年份各年龄中华鲟的断面通过率

在整个降河洄游过程中，6 龄鱼的断面通过率最高，7 龄和 9 龄鱼的断面通过率较低，4～6 龄鱼的断面通过率明显高于 7～9 龄鱼，其中，4～6 龄鱼的平均断面通过率与 7～9 龄鱼的差值范围在 3.63%～16.67%（图 4.25）。

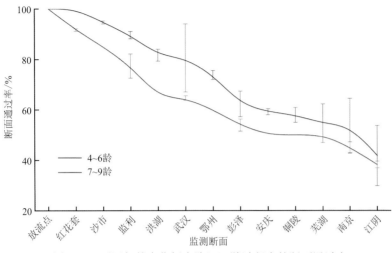

图 4.25　不同年龄中华鲟在降河洄游过程中的断面通过率

除红花套和江阴断面外，游经各断面的中华鲟大致可分为低龄和高龄两个年龄组，前者主要为 3～6 龄，平均体重（7.59±2.62）kg，平均体长（96.99±10.84）cm；后者为 7～12 龄，平均体重（27.61±10.37）kg，平均体长（96.35±21.45）cm。低龄中华鲟的断面通过率在各个监测断面均明显高于同一年份内的高龄中华鲟（图 4.26）。

这种情况在红花套断面表现得尤为明显：低龄中华鲟在红花套断面的断面通过率均为 100%，但 7 龄和 9 龄鱼的断面通过率分别为 91.94% 和 91.30%，即约 1/10 的中华鲟未被探测到，在监测期间同样未出现在下游江段，排除死亡因素，推测这些"损失"的中华鲟有较大可能在 7 月之前（声学监测一般持续到 6 月底～7 月初）仍停留在红花套以上江段。

相比于红花套断面及其他断面，江阴断面的中华鲟断面通过率与年龄之间的关系较为复杂。在该断面内，6 龄、8 龄和 10 龄鱼的断面通过率均超过了 50%，4 龄、5 龄、7 龄和 9 龄鱼的断面通过率稍低，在 31.79%～39.13% 波动，而 12 龄鱼的断面通过率仅为 25%。

将江阴断面 9 个年龄段的中华鲟归类为低龄组[3～5 龄，平均体重（7.06±2.29）kg，平均体长（94.90±10.03）cm]、中龄组[6～8 龄，平均体重（14.02±6.05）kg，平均体长（115±15.79）cm]和高龄组[9～12 龄，平均体重（33.21±6.72）kg，平均体长（149.58±12.16）cm]，将 3 个年龄组的断面通过率与体长、体重等代表性生物学指标进行比较。中龄组中华鲟的断面通过率（56.57%）高于低龄组中华鲟（40.14%），而低龄组中华鲟的断面通过率则高于高龄组中华鲟（39.71%），但年龄与断面通过率之间未表现出显著相关性（$P > 0.05$）。这表明中华鲟的断面通过率并未随着年龄（体长或体重）的增加而增加，反而当中华鲟规格超过一定界限后，其断面通过率可能会出现下降趋势（图 4.27）。

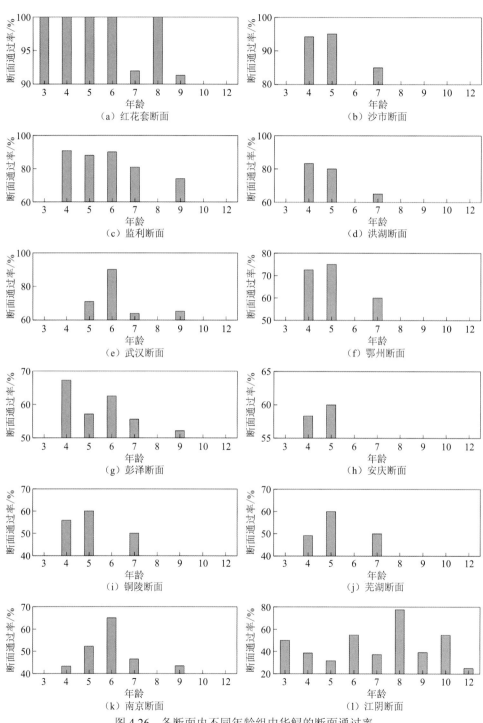

图 4.26　各断面内不同年龄组中华鲟的断面通过率

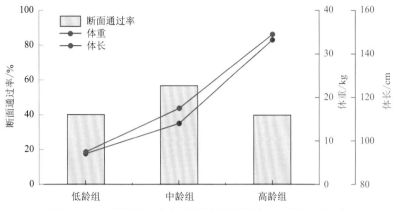

图 4.27 江阴断面 3 个年龄组的断面通过率、体长、体重

综合考虑中华鲟保育及放流成本、不同年龄个体的适应过程及入海情况等因素，小个体中华鲟（<5 龄）的存量最多，养殖成本稍低，野化难度小；中个体中华鲟（5~8 龄）的入海率最高，可明显补充中华鲟自然种群数量，但目前为繁殖生产的后备军，无法大规模放流；而大个体中华鲟（近成熟或已成熟，>8 龄）的存量最少，但可有效补充中华鲟野生群体和繁殖群体的数量。目前来看，中华鲟放流群体以中、小个体相搭配的方式总体是合理的，后续放流短期内仍可以中小个体中华鲟为主，待人工种群完备，具有大个体放流能力后，适时开展近成熟或成熟亲鱼放流。

4.3 中华鲟的空间分布

4.3.1 中华鲟的潜水深度

2015~2018 年分别选择 20 尾、20 尾、10 尾和 10 尾子二代中华鲟植入压力型声呐标记，以了解标记中华鲟在降河洄游过程中的潜水深度。

监测结果显示，在降河洄游过程中中华鲟在表层至 38 m 水深的水层中均有分布。其中，沙市断面的平均潜水深度最小，仅为 4.36 m，而武汉断面的平均潜水深度最大，可达到 14.76 m（图 4.28）。

中华鲟的潜水深度大致可以分为 4 类：A 类，宜昌断面；B 类，沙市、监利、洪湖和芜湖断面；C 类，武汉、鄂州、彭泽和安庆断面；D 类，铜陵、南京和江阴断面。潜水深度的大小表现为 C 类 > D 类 > A 类 > B 类。各个类别内的潜水深度无显著差异（$P > 0.05$，one way ANOVA），但类别之间的潜水深度差异极显著（$P < 0.01$，one way ANOVA）。

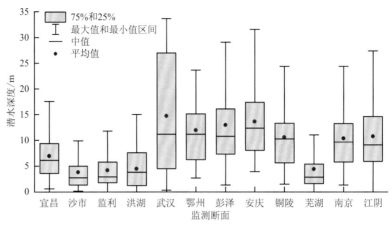

图 4.28 中华鲟在各监测断面的潜水深度

进一步分析发现，中华鲟的平均潜水深度与断面最大水深（即深泓线）呈现出显著正相关关系（$P < 0.05$，$r = 0.483$），即中华鲟平均潜水深度随着江段断面最大水深的增大而增大。具体情况如下：宜昌到监利江段长江干流的断面最大水深从 18.7 m 逐渐减小至 13.0 m，中华鲟的平均潜水深度也从（6.94 ± 4.33）m 降低至（4.38 ± 3.61）m；监利以下江段河床高程逐渐降低，断面最大水深持续增加，至武汉断面时，平均潜水深度可达（14.76 ± 10.67）m，尽管武汉以下江段的断面最大水深继续增加，但中华鲟在此江段的平均潜水深度相对稳定，在 10.43～13.68 m 波动；江阴断面最大水深可达 45.0 m，中华鲟平均潜水深度仅为（10.82 ± 6.55）m（图 4.29）。

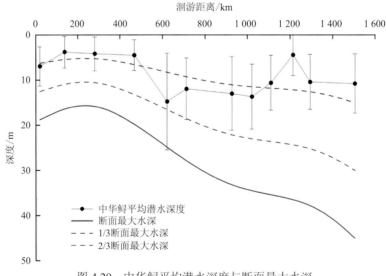

图 4.29 中华鲟平均潜水深度与断面最大水深

总的来看，中华鲟平均潜水深度占断面最大水深的比例在 22.04%（洪湖）～59.05%（武汉），即中华鲟在降河洄游过程中主要集中在长江水体的中层偏上水层活动。中华鲟的这种垂直分布特征，可能受以下因素影响：①长江干流水体不同水层流速存在差异，下层水流受河床泥沙阻力作用影响，流速最小，越往上层水体流速越大。中华鲟在降河洄游过程中，为了最大程度克服水体阻力和节省体力，利用水流的推力是一个十分适宜的选择。中华鲟越靠近上层，水体流速越大，水体阻力越小，鱼体的运动耗氧率、代谢活动强度也越小，故而在放流点至监利江段，其始终处于水体偏上层（<7 m）活动，以快速下降；②受长江沿线航运和渔业捕捞影响，越靠近水体上层，鱼体被航运误伤、渔民误捕的概率越大，故而在空间（水深）允许的情况下，中华鲟会稍向深层分布以保证安全。

2020 年，研究人员在宜昌和江阴江段进行了重点监测，其中宜昌江段设置艾家、古老背、清江口、龙窝、枝城、枝江 6 个干流监测站点，探测到中华鲟的平均潜水深度分布为（5.98±1.78）m、（6.5±4.93）m、（7.2±4.61）m、（5.45±2.64）m、（5.13±2.38）m、（1.44±0.15）m，中华鲟分布于水体中层和上层的比例均为 50%（图 4.30）。

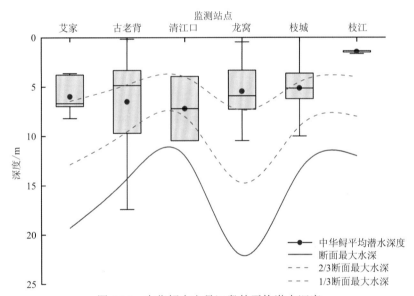

图 4.30　中华鲟在宜昌江段的平均潜水深度

中华鲟在江阴江段的江阴航道、利港、靖江海事 1#趸、靖江汽渡、申港、夏港、靖江海事 2#趸 7 个监测站点的平均潜水深度分别为（13.19±5.43）m、（9.02±3.26）m、（4.35±2.54）m、（8.33±3.13）m、（8.69±1.35）m、（11.67±2.89）m、（9.64±2.81）m，中华鲟分布于中层和底层的比例分别为57.14%和42.86%（图 4.31）。

宜昌和江阴分别位于中华鲟降河洄游过程的起始段和终段，其垂直分布特征在这两处江段有着明显的差异，这也进一步表明中华鲟在降河洄游过程中已经完全具备自主游动能力。

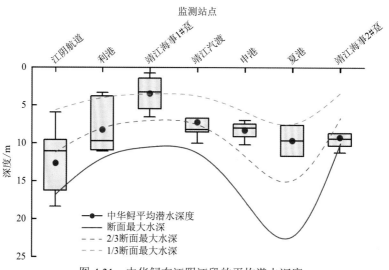

图 4.31　中华鲟在江阴江段的平均潜水深度

4.3.2　流量和年龄与中华鲟潜水深度的关系

中华鲟在宜昌、监利、武汉、彭泽、南京和江阴等断面的潜水深度在年际间存在较大差异（表 4.7），具体表现为：宜昌断面，2015 年和 2018 年的潜水深度相近（$P > 0.05$，one way ANOVA），且明显高于 2016 年（$P < 0.05$，one way ANOVA）；监利断面，2016 年潜水深度显著高于其他年份（$P < 0.05$，one way ANOVA），而 2018 年潜水深度显著小于其他年份（$P < 0.05$，one way ANOVA）；武汉断面，2015 年和 2016 年潜水深度无显著差异，但均明显高于 2018 年；彭泽断面，2016 年和 2018 年潜水深度无显著差异，但均明显高于 2017 年；南京断面，2018 年的潜水深度显著高于其他年份，而 2015 年、2016 年、2017 年的潜水深度差异不明显；江阴断面，2016 年潜水深度显著高于其他年份，2017 年的潜水深度最低，各年份的潜水深度依次为：2016 年 > 2018 年 > 2015 年 > 2017 年。

表 4.7　各监测断面中华鲟年际间潜水深度差异

监测断面	不同年份		平均差异	标准误差	显著性	95%置信区间	
						下限	上限
宜昌	2015	2016	2.48*	0.43	0.00	1.65	3.32
		2018	1.17	0.67	0.08	−0.15	2.49
	2016	2018	−1.32*	0.60	0.03	−2.50	−0.13
监利	2015	2016	−3.19*	0.41	0.00	−4.00	−2.38
		2017	0.23	0.40	0.56	−0.54	1.01
		2018	0.89*	0.39	0.02	0.12	1.67

续表

监测断面	不同年份		平均差异	标准误差	显著性	95%置信区间	
						下限	上限
监利	2016	2017	3.42*	0.40	0.00	2.63	4.22
		2018	4.09*	0.40	0.00	3.29	4.88
	2017	2018	0.66	0.38	0.08	−0.09	1.42
武汉	2015	2016	4.70	2.72	0.08	−0.64	10.05
		2018	12.84*	0.72	0.00	11.43	14.25
	2016	2018	8.14*	2.76	0.00	2.72	13.56
彭泽	2016	2017	8.94*	2.03	0.00	4.94	12.94
		2018	0.95	1.74	0.58	−2.47	4.38
	2017	2018	−7.99*	1.25	0.00	−10.45	−5.53
南京	2015	2016	−0.33	1.62	0.84	−3.52	2.85
		2017	−1.13	0.92	0.22	−2.95	0.68
		2018	−3.57*	0.76	0.00	−5.07	−2.08
	2016	2017	−0.80	1.61	0.62	−3.97	2.37
		2018	−3.24	1.53	0.03	−6.24	−0.24
	2017	2018	−2.44*	0.75	0.00	−3.91	−0.97
江阴	2015	2016	−9.89*	0.95	0.00	−11.65	−7.92
		2017	4.38*	1.90	0.02	0.66	8.10
		2018	−1.49*	0.61	0.01	−2.69	−0.29
	2016	2017	14.7*	1.98	0.00	10.29	18.05
		2018	8.29*	0.83	0.00	6.68	9.92
	2017	2018	−5.87*	1.84	0.00	−9.48	−2.26

*表示差异的显著性水平为 0.05。

4.1.2 小节中提到，2016 年长江干流的流量最高，其次是 2017 年和 2015 年，2018 年的流量最低。结合长江干流流量情况进行探讨：当长江干流流量较低时，中华鲟初次进入自然水体后，会主动向深层低流速环境活动，以最大程度适应新环境。当流量过大时，中华鲟可能会停留在缓流水体，主动适应新环境的难度加大，这种情况一直会持续到武汉断面。武汉至鄂州江段，中华鲟的潜水趋势主要表现为干流流量越低、潜水深度越小，此种情况表明中华鲟已基本适应自然环境，并可自行选择适宜的活动方式：在高流量时下潜至深层躲避高流速，在低流量时上浮至上层摄食或者迁移。而在南京以下江段，中华鲟的下潜深度更加自主多变，流量较低年份时，中华鲟可在南京断面下潜至较深处，而在江阴断面，流量最高和最低年份中华鲟均可下潜至较深水层，表明此时中华鲟已完全适应长江自然环境，并具备较强的自我调节能力。

统计不同年龄中华鲟在宜昌、沙市、监利、武汉、彭泽、芜湖、南京、江阴等江段的潜水深度差异及年龄与潜水深度的相关性。结果显示，不同年龄组中华鲟在各个江段间的潜水深度均未表现出显著差异（$P > 0.05$，one way ANOVA）（图4.32），潜水深度与年龄也无明显的相关性（表4.8）。这意味着年龄（规格）可能不会影响中华鲟在降河洄游过程中的潜水深度。

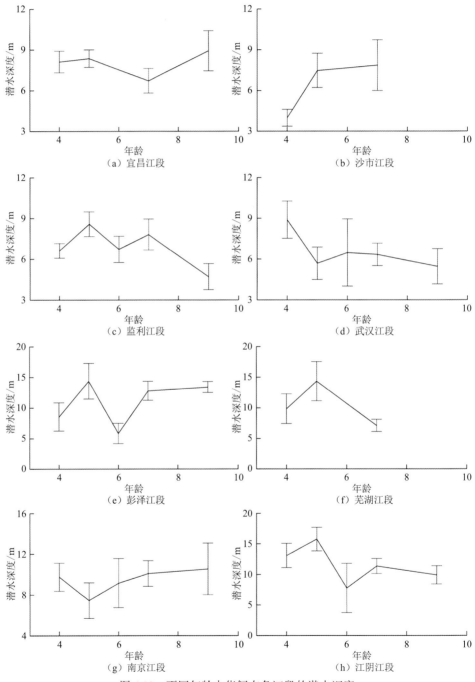

图 4.32 不同年龄中华鲟在各江段的潜水深度

表 4.8　各江段中华鲟年龄与潜水深度的相关性

项目		江段							
		宜都	沙市	监利	武汉	彭泽	芜湖	南京	江阴
年龄	Pearson 相关性	−0.157	0.472*	−0.049	−0.243	0.223	−0.147	0.098	−0.256
	Sig.（双尾）	0.304	0.015	0.744	0.130	0.235	0.561	0.595	0.198

*表示在 0.05 级别（双尾），相关性显著。

4.3.3　潜水深度的昼夜差异

放流中华鲟的降河洄游过程主要集中在 4～6 月，设定 7 时～19 时为日间，19 时～次日 7 时为夜间，分析中华鲟在各监测断面的昼夜潜水深度。结果显示，在宜昌、监利、武汉、安庆、芜湖、南京和江阴 7 个监测断面，中华鲟日间潜水深度显著高于夜间潜水深度[$P < 0.01$，T 检验（T-test）]，在其他监测断面中华鲟昼夜潜水深度无显著差异（$P > 0.05$，T-test）。

比较中华鲟在各监测断面的昼夜潜水深度变化幅度发现，监利、武汉、安庆和芜湖断面的变化幅度均超过 50%，其中，武汉的日间平均潜水深度（19.33 m）较夜间平均潜水深度（5.60 m）增加了约 245.18%，远高于其他监测断面（图 4.33）。

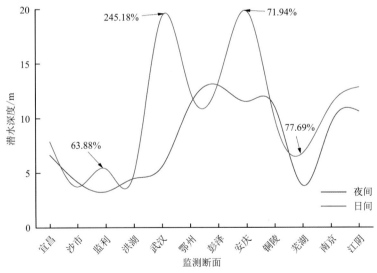

图 4.33　中华鲟在不同监测断面的昼夜潜水深度

从整体结果上看，中华鲟的日间潜水深度普遍高于夜间潜水深度，即中华鲟在日间倾向于向深层活动。这种昼夜分布特征可能受长江中航行船舶的影响较大。目前，长江中下游航道已完全具备 24 h 航行的条件，但考虑到夜航视距、航道航标条件、船舶过闸等因素限制，夜间的船舶流量低于日间。据统计，长江江苏段的船舶夜航时间占总航行时间的 24.7%，全程夜航的船舶仅占引航船舶总量的 1%（欧阳军，2002）。中华鲟在降河洄游过程中已完全具备自主游动能力，在船舶噪声和震动等不利因素的影响下，中华鲟可能会主动进行一些躲避威胁的行为，如远离表层水体，这种趋势会在船舶数量较多的日间表现得尤为明显。

4.3.4　中华鲟左右岸分布偏好

研究鱼类在水层中的潜水深度，尚不能准确定位鱼类在河道中的分布情况。掌握鱼类的水平分布偏好，在一定程度上可以为鱼类定位提供帮助，对后续子二代中华鲟在自然环境下的行为学研究有积极意义。

在中华鲟追踪监测过程中，连续 2 年以上时间在左、右岸对向设置了固定监测站点的断面有监利（2017～2018 年）、武汉（2015～2018 年）、南京（2016～2018 年）、江阴（2015～2019 年）4 个断面。比较分析上述 4 个监测断面左、右岸探测信号的差异，以帮助研究人员初步了解中华鲟在断面内的横向分布特征。

首先，统计上述 4 个监测断面左、右岸监测站点探测到的中华鲟数量和信号次数。结果显示，各监测断面的探测数量和探测信号次数均呈极显著正相关关系（$P < 0.01$，$r > 0.98$），且各监测断面左、右岸的探测数据均存在较高的重复（平均重复率 > 80%，最高达到 100%），表明中华鲟进入左、右岸探测范围后，声呐信号可以被监测设备完整监测到，未出现漏测的情况。4 个监测断面的左、右岸探测信号次数和探测数量均没有表现出显著差异性（$P > 0.05$，one way ANOVA）。监利断面和南京断面左、右岸的探测信号次数差异较小，武汉断面和江阴断面右岸探测信号次数明显高于左岸；武汉断面和监利断面左、右岸的探测数量差异较小，南京断面和江阴断面右岸的探测数量明显高于左岸（图 4.34）。

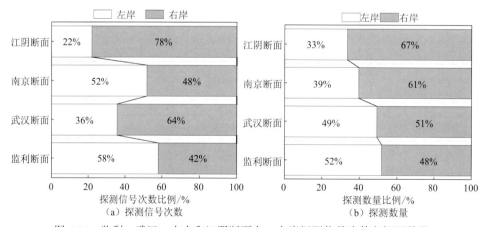

图 4.34　监利、武汉、南京和江阴断面左、右岸探测信号次数和探测数量

　　获取各监测断面监测站点所在水域的水位数据及河床高程信息，据此计算各监测站点的水深信息。依据中华鲟通过监利、武汉、南京和江阴等断面的时刻，统计对应时期内的各监测断面监测范围内的水深，并比较监测断面左右岸水深与探测信号次数和探测数量的相关性。

　　相关性分析结果显示，监利断面的探测数量与水深呈极显著正相关关系，相关系数高达 0.997，表明中华鲟在此断面倾向于向深水一侧活动；而武汉断面的探测数量、探测信号次数与水深均呈显著负相关关系（$P < 0.05$），武汉断面浅水区的中华鲟出现概率会高于深水区。在江阴 B 断面和 C 断面，中华鲟的探测数量和水深呈现轻度负相关关系（$P < 0.05$，$r_B = 0.105$，$r_C = 0.084$），江阴的 A、D 断面和南京断面，探测数量、探测信号次数与水深无显著相关性（$P > 0.05$）（表 4.9）。

表 4.9　监测断面水深与探测数量、探测信号次数的相关性

断面	水深	探测数量	探测信号次数
监利	Pearson 相关性	0.997**	—
	显著性（双侧）	0.003	—
武汉	Pearson 相关性	−0.436*	−0.433*
	显著性（双侧）	0.041	0.045
南京	Pearson 相关性	−0.008	−0.326
	显著性（双侧）	0.986	0.476
江阴 A （利港至江阴航道）	Pearson 相关性	0.313	0.549
	显著性（双侧）	0.079	0.098
江阴 B （靖江汽渡至申港）	Pearson 相关性	−0.105*	−0.013
	显著性（双侧）	0.042	0.210
江阴 C （靖江海事 1#至夏港）	Pearson 相关性	−0.084*	0.112
	显著性（双侧）	0.048	0.116
江阴 D （靖江海事 2#至长山港）	Pearson 相关性	−0.139	−0.142
	显著性（双侧）	0.239	0.391

*表示在 0.05 水平（双侧）上显著相关，**表示在 0.01 水平（双侧）上显著相关。

　　结合中华鲟垂向和横向分布特征及各断面的地形特点（图 4.35），对其在江段的空间分布偏好进行推测。监利断面左岸监测设备至左岸之间为平整的淤沙底质，水深较浅（最大水深为 6～7 m），靠右岸一侧为主航道，最大水深可

达 13 m，断面下游约 4 km 处有一处大的拐弯，主河道在弯道处急剧变窄（最窄处仅约 450 m）。中华鲟一般在放流后 3～5 d 集中抵达监利断面，此时的长江干流流量处于逐渐上升阶段，尽管左岸的浅水环境和较少的船舶干扰可以为降河洄游的中华鲟提供适宜的休息场地，但为了快速通过该江段，更多的中华鲟选择了较深的右岸通道游动，借助其上层水体[右侧游动中华鲟的平均潜水深度为（3.65±3.23）m]较快的水流速度快速"通关"。

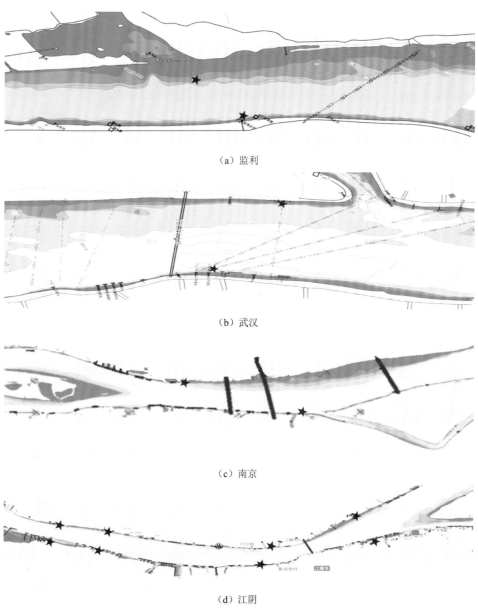

（a）监利

（b）武汉

（c）南京

（d）江阴

图 4.35　部分监测断面左、右岸监测站点分布示意图

上方为左岸，红色五角星为监测站点，数据来源长江航道在线，http://www.cjienc.cn/

武汉断面位于武汉长江大桥下游约 200 m，右侧河道为主航道，水深最大在 25 m 左右，左岸水深稍浅，为 10～16 m（浅水区宽度约 300 m，占断面总宽度的 1/3）。中华鲟在左岸浅水区域的平均潜水深度为（13.29±10.43）m，其在右岸的平均潜水深度则达到（22.14±8.89）m，均处于中层偏下水体。就活动空间而言，武汉断面十多米的水深足以让中华鲟自由活动，但其仍表现出较明显的左、右岸分布差异，其可能的原因是监测断面的周边水域有较密集的过江轮渡及货船，而其活动区域又多分布于右岸，船舶运行带来的噪声、震动等因素可能对中华鲟产生驱赶作用，迫使其向底层、偏左岸区域活动。同时，左岸监测站点上下游数千米区域内均为浅水江滩，饵料资源潜力远高于右岸，可以为中华鲟提供理想的庇护场所。

随着洄游距离的增加，长江干流河道水深逐渐加大，中华鲟的活动空间越来越大，自主选择性也得到大幅提升。因实施航道疏浚工程，南京江段的航行条件优良，航道水深一般可达 30 m，南京断面左岸的水深在 17～23 m，右岸水深达到 24～29 m。中华鲟在南京断面的左岸平均潜水深度为（11.79±6.06）m，右岸平均潜水深度为（11.52±6.32）m，左、右岸差异不大，均为中层偏上水层。南京江段的航运较武汉江段更繁忙，但其江面宽（1.38 km）、水深大，尽管中华鲟分布于中层水体，其仍有足够的空间进行避险、摄食、休息，故而左、右岸的水深对其分布不产生较大影响。

相较于其他断面，江阴断面有一个最大特征：左、右岸水深基本一致。其中，江阴 B 断面以下的两岸遍布码头、渡口（右岸稍多于左岸），航运量极高，主航道最大水深可达 50 m，仅在江阴长江大桥以下江段的左岸存在较为明显的浅水域（主要为滩涂，涨潮时淹没，水深为 2～3 m）。中华鲟在江阴左岸的平均潜水深度为（13.00±8.63）m，右岸的平均潜水深度为（10.22±5.81）m，均处于中层偏上水体，但仅在江阴 B 断面和江阴 C 断面表现出倾向于左岸活动的趋势，这可能是对船舶干扰的一种主动规避行为。

4.4　中华鲟的误捕调查

为了全面了解放流中华鲟在降河洄游过程中的损失情况，中华鲟研究所在开展中华鲟降河洄游运动规律研究的同时，持续开展了中华鲟沿江调查工作，统计中华鲟误捕、受伤和死亡的案例信息（附图 10）。宜昌至长江口水域的调查主要采用调查走访和网络资料收集，中国近海海区的信息主要来源于网络资料收集。

调查结果显示，2014～2023 年，共收集到 123 尾中华鲟的误捕信息（表 4.10）。误捕中华鲟个体大小范围 30～330 cm，体重范围 125 g～350 kg，涵盖了人工放流子二代个体和野生性成熟个体。2015 年 7 月的误捕信息直接证明了，宜昌江段放流的子二代中华鲟（背部固定有 T 型标记，编号 150059，4 龄鱼）可顺利入海，最远可迁移至浙江省舟山市嵊泗县东北海域。

表 4.10   2014～2023 年中华鲟误捕信息统计

日期	误捕位点	误捕水域	误捕鱼基本情况
2014 年 4 月	江苏省连云港市	连岛海域	1 尾，体长 80 cm，胸围 38 cm，头部细微擦伤，已放生
2014 年 5 月	浙江省乐清市	瓯江口附近	1 尾，体长 180 cm，尾部受轻微伤，已放生
2014 年 9 月	湖南省岳阳市	东洞庭湖新胜湾水域	3 尾，已放生
2014 年 10 月	湖北省荆州市	虎渡河太平口附近	1 尾，体长 120 cm，已放生
2014 年 11 月	湖北省武汉市	阳逻牧鹅洲附近水域	1 尾，体长 330 cm，被三层流刺网挂住，头、尾部有明显外伤，送荆州市中华鲟保护中心救护
2015 年 3 月	江苏省连云港市	海头镇附近海域	1 尾，体长 30 cm，已放生
2015 年 4 月	湖北省宜昌市	红花套江段	1 尾，当年放流群体 2 龄鱼，浮至水面停留，恢复后自行游离
2015 年 4 月	湖北省黄石市	—	1 尾，T 标编号 151327，2 龄鱼，被抽水泵入水口吸附，死亡
2015 年 4 月	安徽省安庆市	—	1 尾，T 标脱落，4 龄鱼，刀鱼网误捕，已放生
2015 年 5 月	安徽省马鞍山市	—	1 尾，T 标编号 150617，2 龄鱼，误入当涂大唐电厂进水口，已放生
2015 年 5 月	安徽省安庆市	—	1 尾，T 标编号 151435，2 龄鱼，刀鱼网误捕，已放生
2015 年 5 月	江苏省泰州市	—	1 尾，T 标编号 152542，2 龄鱼，刀鱼网误捕，已放生
2015 年 7 月	浙江省舟山市	嵊泗县东南海域	1 尾，T 标编号 150059，2011 年生，背部被击伤，恢复后放生
2016 年 1 月	浙江省舟山市	朱家尖海域	1 尾，已放生
2016 年 2 月	湖北省荆州市	—	1 尾，体长 147 cm，已放生
2016 年 3 月	江西省九江市	鄱阳湖水域	1 尾，体长 130 cm，已放生
2016 年 6 月	安徽省安庆市	皖河口水域	3 尾，体长 150 cm，误入流刺网，死亡

续表

日期	误捕位点	误捕水域	误捕鱼基本情况
2016 年 7 月	江西省九江市	修河沙湖水域	1 尾，体长 75 cm，已放生
2016 年 7 月	江苏省扬州市	三江营江段	3 尾，体长均为 58 cm 左右，误入流刺网，死亡
2016 年 7 月	湖南省常德市	北合村水域	1 尾，体长 175 cm，误入流刺网，死亡
2016 年 7 月	湖北省荆州市	安乡水域	共 14 尾，误入流刺网，死亡
2016 年 7 月	湖南省岳阳市	君山岛附近水域	2 尾，其中 1 尾体长 200 cm，逃脱；1 尾已放生
2016 年 7 月	安徽省安庆市	皖河口水域	1 尾，疑似中华鲟，误入流刺网，已放生
2016 年 7~9 月	江苏省南通市	天生港水域及如皋江段	6 尾，体长 40~145 cm，已放生
2016 年 8 月	湖南省沅江市	草尾镇附近水域	1 尾，湖水涨水误入水渠，已放生
2016 年 8 月	江西省九江市	—	1 尾，体长 110 cm，已放生
2016 年 8 月	安徽省安庆市	皖河口水域	9 尾，误入流刺网，已全部放生
2016 年 8 月	江苏省镇江市	中国国电集团公司谏壁发电厂七期循泵房进水间	1 尾，体长 123 cm，误入管道，已放生
2016 年 9 月	安徽省铜陵市	新后河	1 尾，体长约 70 cm，已放生
2016 年 11 月	江苏省镇江市	—	1 尾，体长约 100 cm，已放生
2017 年 2 月	江苏省连云港市	善后闸河道	1 尾，体长 100 cm，已放生
2019 年 8 月	上海市	佘山岛北面水域	1 尾，死亡
2020 年 3 月	浙江省瑞安市	飞云江海域	1 尾，已放生
2021 年 1 月	浙江省瑞安市	—	1 尾，体长 78 cm，已放生
2021 年 3 月	江苏省南通市	长江口水域	1 尾，体长约 100 cm，约 2 龄，死亡
2021 年 6 月	安徽省芜湖市	福渡镇江段	1 尾，已放生
2021 年 9 月	—	长江口东海水域	1 尾，体长约 100 cm，已放生
2022 年 2 月	浙江省宁波市	象山岛东北侧海域	1 尾，体长约 100 cm，已放生
2022 年 3 月	浙江省舟山市	嵊泗县花鸟岛附近海域	1 尾，体长约 70 cm，已放生
2022 年 3 月	浙江省宁波市	象山港	1 尾，体长约 80 cm，约 1~2 龄，已放生

日期	误捕位点	误捕水域	误捕鱼基本情况
2022 年 3 月	浙江省温岭市	石塘海域	1 尾，体长约 75 cm，胸围约 18 cm，约 1～2 龄，该鲟体表健康，无受伤。误入渔网，已放生
2022 年 3 月	浙江省舟山市	—	1 尾，体长约 110 cm，已放生
2022 年 4 月	浙江省舟山市	梅散列岛南兆港水域	1 尾，体长约 55 cm，健康状况良好，已放生
2022 年 4 月	浙江省台州市	大陈海域	1 尾，体长 69 cm，已放生
2022 年 4 月	山东省青岛市	田横岛东南海域	1 尾，体长约 150 cm，误捕时间约上午 5～10 时，已放生
2022 年 4 月	湖北省荆州市	松滋河水域	1 尾，体长约 160 cm，PIT 编号 0536，在浅滩搁浅，腹部和背部受伤，送荆州市中华鲟保护中心救护
2022 年 4 月	湖北省宜昌市	高坝洲镇茶店村桥水域	1 尾，全长约 300 cm，雌性，尾柄部有较重外伤，死亡
2022 年 4 月	浙江省宁波市	—	3 尾，体长约 80 cm，死亡
2022 年 5 月	江苏省太仓市	—	1 尾，体长 137 cm，胸围 60 cm，死亡
2022 年 6 月	浙江省温州市	—	2 尾，体长大于 100 cm，死亡
2023 年 3 月	江苏省盐城市	灌河口	1 尾，体长大于 100 cm，约 3 龄，死亡
2023 年 3 月	湖南省沅江市	—	1 尾，2023 年宜昌市放流中华鲟，死亡
2023 年 3 月	湖北省宜昌市	红花套江段	1 尾，体长约 200 cm，在浅滩停留一段时间后自行离开
2023 年 6 月	—	黄海海域	1 尾，体长大于 200 cm，已放生
2023 年 8～9 月	浙江省	杭州湾地区	40 天内发现 33 尾中华鲟，30%个体体长约 40～50 cm，已放生

上述误捕中华鲟在宜昌市至上海市之间的长江中下游流域均有分布，其中长江干流水域出现 39 尾，长江支流水域出现 25 尾，中国近海海域出现 59 尾。从图 4.36 中可以看出，中华鲟在降河洄游过程中，湖北省、安徽省、江苏省 3 个区段内的误捕率基本持平，尽管大部分误捕中华鲟随后被放生，但这种形式的"随机抽样"结果也表明，中华鲟在降河洄游过程中的损失是持续且稳定的，这从另一个角度解释了为什么放流中华鲟的断面通过率随洄游距离的增加而减少。

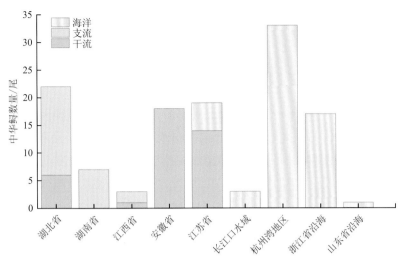

图 4.36　2014～2023 年中华鲟误捕区域统计结果

对误捕数据进一步分析发现，2016 年的中华鲟误捕数量（49 尾）显著高于其邻近年份（图 4.37），且误捕中华鲟主要出现在支流水体，其中，洞庭湖区 18 尾，安庆市皖河口水域 13 尾，南通市天生港水域 6 尾。这种极端情况的出现，可能与 2016 年长江中下游区域性洪水有密切关系。这些误捕数量较高的支流区域，在误捕发生时均处于长江水体倒灌入内的状况，首次进行降河洄游的中华鲟不可避免地随水流进入其中。

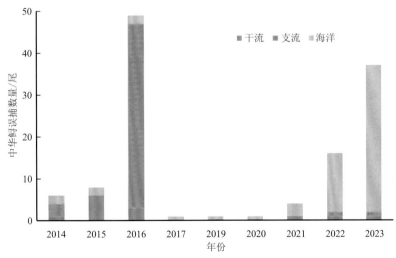

图 4.37　不同年份中华鲟误捕信息的统计结果

我国对长江流域渔业资源保护工作十分重视，2002 年，原农业部要求在长江中下游试行春季禁渔，2016 年，长江禁渔期由 3 个月延长至 4 个月，禁渔范围也从长江主要干支流扩大到沿江重要湖泊，2017 年则提出在所有长江流域水生生物保护区全面禁捕。至 2020 年，正式开展长江十年禁捕工作。值得注意的是，2017 年及以后年份，几乎未再发生中华鲟误入渔网事件，长江沿线的中华鲟误捕数量也骤减。从这个角度来看，长江流域的捕捞行为可能是中华鲟数量下降的主要原因之一。

曹文宣（2008）指出，非法捕捞是中华鲟资源量下降的重要因素甚至是主因，"对珍稀鱼类、特有鱼类而言，当前来自水利设施的影响，还不是主要的、直接的。对它们最致命的，是渔业捕捞的失控"。20 世纪 80 年代以前，中华鲟在长江渔业中占有一定的比重，仅在 1972～1980 年，长江全流域中华鲟成体的年捕获量可达 394～636 尾，年平均 517 尾，产量在 60～75 t。葛洲坝水利枢纽工程大江截流初期，大量中华鲟亲鱼在坝下江段聚集，形成了中华鲟的年捕捞高峰，据不完全统计，1981 年秋冬两季湖北省境内捕捞的中华鲟多达 800 多尾，捕捞量相当于建坝前湖北省多年平均数量 145 尾的 5.5 倍（肖慧，2012），1982 年长江全江段的中华鲟捕捞量更是高达 1 163 尾（四川省长江水产资源调查组，1988）。这样过度甚至"疯狂"的捕捞对于中华鲟这种性成熟年龄迟、寿命长的大型鱼类来说无疑是灭顶之灾。虽然自 1983 年起，国家采取的禁止中华鲟商业性捕捞、严格限制捕捞人工繁殖科研用鱼、加大人工增殖放流、建立中华鲟自然保护区等综合性保护措施在一定程度上延缓了中华鲟自然种群的衰退，但就目前中华鲟自然种群现状来看，这些措施好像并未从根本上解决中华鲟濒临灭绝的现状。

在长江渔业资源种类和数量明显减少、鱼类个体小型化严重的情况下，长江十年禁捕工作无疑是一项"起死回生"的壮举，而中华鲟绝对是其中的重要受益者之一。除沿江的误捕死亡数量急剧下降之外，放流中华鲟在长江重点水域禁捕实施后的入海率（即江阴断面通过率）也稳步上升，2015～2018 年放流中华鲟的平均入海率为 39.7%，而长江重点水域禁捕实施后，2019～2021 年的平均入海率则提升至 57.9%，最高达 73.3%（2019 年）。相信随着长江流域禁渔措施的持续执行、民众爱鱼护鱼观念的普及和中华鲟保护工作者的努力，中华鲟的生存环境会越来越好，其自然群体数量也将得以回升。

比较长江流域误捕中华鲟的损伤方式，发现中华鲟损失的主要原因有三类，渔网捕捞、船舶击打、自由活动，占比分别为 69%、23%、8%（图 4.38）。在中华鲟沿江误捕调查过程中，工作人员发现 2016 年以前长江禁渔期内中下游的违法捕捞、电鱼现象较为常见，尤其是靠近长江口的水域，受区域内刀鱼网等特种捕捞作业及非法捕鱼作业的影响，存在较大规模的放流中华鲟误捕误伤现象，2014 年在长江口水域中华鲟误捕调查中发现，刀鱼网误捕中华鲟的占比高达 62.50%。由于违法捕捞、电鱼等非法捕捞行为隐蔽、破坏性大，误捕调查工作较难开展，相关统计数据不尽全面。庆幸的是，长江中下游已经从 2017 年开始逐步开展长江十年禁捕工作，放流中华鲟因渔网捕捞造成损失的现象在长江将得到根本性改善。

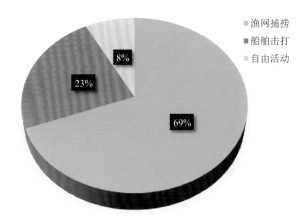

图 4.38　2014～2023 年长江流域中华鲟损失的主要原因

　　除网具误捕外，航运带来的船舶击打（主要表现为螺旋桨击打）也成为中华鲟损失的主要因素。在人工养殖条件下，子二代中华鲟很难形成有效的避害行为。一方面，当被放流进入长江后，人工养殖的中华鲟往往无法有效规避航行船舶。另一方面，长江河道航运日益繁忙，船舶吨位（吃水深度）越来越大，来往船只的螺旋桨对中华鲟造成击打伤害的风险也越来越大。在目前已搜集到的航运致死信息中，遭受船舶击打的中华鲟的死亡率接近 100%。以下列举数例亲历案例。

　　（1）2018 年 5 月 9 日，中华鲟研究所接南京市渔政渔港监督管理处通知，南京江段发现一尾受伤中华鲟，并被及时转运到南京市海底世界暂养。中华鲟研究所立即派遣技术人员赶赴现场进行救护，经检测确认此鱼为 2018 年放流子二代中华鲟。鱼体背部及腹部均有条状伤口，长度达 8 cm，伤口附近充血严重；腹部有贯穿伤，内脏直接暴露，伤口周围严重感染。鱼漂浮在暂养池水面，已无法游动。判断该尾中华鲟已无法救治。经与南京市渔政渔港监督管理处及南京市海底世界看护人员沟通，将该鱼带回中华鲟研究所进行详细解剖鉴定。解剖结果显示，鱼体躯干中部右侧与身体纵向垂直方向受明显撞击，导致背部对应部位骨板破碎，腹部对应骨板及肌肉组织脱落；腹部伤为致命伤，伤口贯穿腹腔，自中部撞击点至尾柄处，擦切伤明显，伤口处骨板大多脱落（图 4.39）；腹腔伤口、肠道等处感染肿胀，鳔有一处破裂。推测该尾中华鲟致死原因为受大型船舶螺旋桨低速打击。

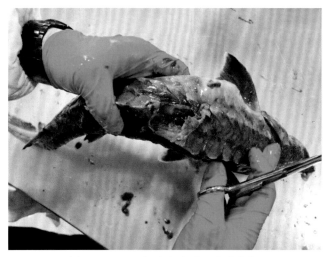

图 4.39　2018 年南京水域误伤中华鲟

（2）2019 年 4 月 22 日，中华鲟研究所接监利市何王庙长江江豚省级保护区管理处通知，在监利市何王庙水域（112.97°E，29.66°N）发现一尾受伤中华鲟。研究所立即组织工作人员赶赴现场救护。经检测，确认此鱼为 2019 年放流子二代中华鲟。此鱼腹部前端膨胀，仅在尾柄处有明显擦伤，腹部两侧骨板充血，鱼体极虚弱，已无法活动。经与保护区管理处协商，将该鱼带回中华鲟研究所进行详细解剖鉴定。解剖结果显示，该鱼躯干部骨板完整，骨板周边大面积充血；鱼鳔膨大，肝脏充血，少量破损；尾柄骨板有明显擦碰伤。推测该尾中华鲟鱼体腹部受外力强力撞击导致内脏破损，鱼鳔正常机能丧失，并最终导致鱼体死亡（图 4.40）。

图 4.40　2019 年湖北省监利市何王庙江段受伤中华鲟

（3）2020 年 5 月 11 日上午，中华鲟研究所接无为市一热心市民电话，其在长江边发现一尾死亡中华鲟，经描述，此尾中华鲟被拦腰截断。样本邮寄回中华鲟研究所后，工作人员立即对样本进行解剖。经检测，确认此鱼为 2020 年放流子二代中华鲟（2017 年出生幼鱼），体重约 3.4 kg，体长 37 cm（图 4.41）。鱼背部第 7、8 块骨板之间被钝器劈开，伤口贯穿至腹腔，肾脏出现破损。背部伤应为致命伤，其他部位无明显外伤，推测该尾中华鲟背部受螺旋桨强力撞击导致背部破损，并伤及脏器，最终导致鱼体死亡。对样本的肠道进行解剖，发现一坨已消化食糜和 3 颗卵石，卵石大致呈长椭圆形，长度小于 1 cm。

图 4.41　2020 年无为市江段死亡中华鲟

（4）2021 年 4 月 21 日 8 时 48 分，中华鲟研究所接一货船老板电话，在铜陵长江大桥下游约 600 m 水域发现一尾严重受伤中华鲟（后于 9 时左右死亡）。14 时 30 分，中华鲟研究所接收该尾中华鲟。经鉴定，该尾中华鲟为当年 4 月 10 日宜昌江段放流中华鲟，为 2017 年出生子二代中华鲟，体长 105 cm，体重 5.33 kg。头部左右侧有连续伤口（伤口长约 3 cm），左侧鳃盖骨破裂（长度约 4 cm），右侧胸鳍上方有贯穿伤（长度约 11 cm），腹部前端碰撞，其他部位外部正常（图 4.42）。认为极有可能被螺旋桨击打头部致死。

图 4.42　2021 年铜陵江段死亡中华鲟

目前我国关于航运船舶对水生生物影响较全面的研究较少,通过分析中华鲟航运致死情况发现,死亡个体主要由当年放流中华鲟和产卵野生亲鱼两类组成。其中当年放流中华鲟的占比相对较大,主要原因可能是放流群体长期处于室内养殖环境,缺乏野外生产所需的避害能力,往往无法有效规避船舶。此外,放流后降河路线上中华鲟数量明显增加也极大增加了船舶致死的概率。在2006～2008年中华鲟科研捕捞中,捕获的30%～40%的中华鲟野生亲鱼也均出现了不同程度的外部伤痕,且船舶致死主要集中分布在湖北省(50%)、安徽省(30%)、江西省(10%)和江苏省(10%)等省,与本研究的统计结果接近。同时,在搜集到的航运致死案例中,中华鲟的头部、背部、尾鳍和腹部等部位均发生过严重击伤,其中头部和尾鳍部分占比较高。推测与中华鲟周期性上浮到水面的行为特征有关(Watanabe et al.,2013),其上浮行为或上层活动水深与船舶螺旋桨存在重叠,从而导致背部、头部及尾部等遭受打击。

武汉至长江口段1 138 km,水流平缓,河道开阔,航行条件较为优越。其中,武汉至安庆及安庆至芜湖段568 km可通航万t级内河船;芜湖至南京142 km,可通航5 000 t级至10 000 t级海船;南京至长江口428 km,航道水深达12.5 m,可全天候双向通航5万t级海船。长江干线分区段货流密度总体呈自上游向下逐渐增大的趋势,货流量密集带主要集中在南京以下河段。4.3.1节中提到,中华鲟在放流点至武汉江段始终处于水体偏上层活动,南京江段活动水层与船舶水层重叠。针对以上问题,在长江航道"深下游,畅中游,通支流"流域治理布局下,主管部门在建成安庆至武汉段6 m水深航道,南京以下12.5 m深水航道及长江口深水航道的通航条件改善等工程建设过程中应充分考虑以中华鲟为代表的长江洄游型水生生物关键生活史需求。

第 5 章

开展中华鲟保护工作的
一些建议

5.1　扩大中华鲟增殖放流规模

中华鲟研究所长期以来致力于中华鲟的人工繁殖技术攻关和增殖放流工作，已累计向长江放流中华鲟约 600 万尾，但仍未遏制住中华鲟物种衰退的趋势，增殖放流规模可能还是种群未能恢复的主要因素之一。资料显示，俄罗斯1986～2017 年通过增殖放流实现了俄罗斯鲟的种群恢复，20 年间累计放流3 亿尾鱼苗进入伏尔加河与里海，放入伏尔加河的鱼苗最低 900 万尾/年，最高达 6 000 万尾/年（Vasilyeva et al., 2019）。因此，相比俄罗斯鲟保护的成功案例，中华鲟的放流规模远远不足以有效补充自然种群。目前，国内有关科研机构和企业蓄养有子一代或野生中华鲟约 3 000 尾，个体处于繁殖高峰期，具备中华鲟人工种群快速扩增的亲鱼数量基础。同时，自 2009 年中华鲟研究所攻克中华鲟全人工繁殖技术以来，多家机构单位相继取得了中华鲟全人工繁殖技术的突破，在人工群体建设、人工繁殖和苗种培育、营养与病害防治等方面均具有比较深入的研究，这为中华鲟人工繁殖规模化提供了重要的技术支撑。建议尽快利用现有成熟中华鲟亲鱼，扩大中华鲟苗种生产能力，提高中华鲟放流规模，以期通过增殖放流的方式，实现中华鲟的种群恢复。

中华鲟研究所经过 40 多年的研究实践，在中华鲟人工繁殖领域取得了长足进展，在中华鲟遗传结构分析、分子标记开发及种质资源评估、种质资源保存及应用、鲟鱼生长发育调控研究等方向进行了大量系统研究。尽管科研人员已经在中华鲟保护领域开展了大量细致且系统的工作，人工繁殖和全人工繁殖的技术壁垒也已经突破，中华鲟这一物种已不至于灭绝，但人工群体的长期可持续建设仍有待进一步加强，以最终实现中华鲟自然种群的恢复和延续。为了实现这一目标，需要持续开展中华鲟可持续人工种群建设研究，扩大人工种群遗传多样性，分析种群遗传结构，实现遗传跟踪管理，优化人工种群梯队。同时，继续攻关种质资源保存技术，构建质量检测标准技术和规范；探索种质资源利用模式，开展鱼类遗传多样性恢复及辅助生殖技术研究，充分利用野生中华鲟和人工养殖中华鲟的性成熟个体，进行资源整合和共享利用，积极推进子三代中华鲟种群建设，继续扩大中华鲟的苗种生产能力，为扩大增殖放流规模提供保障。

5.2　推进中华鲟全生命周期研究

作为我国特有洄游型鱼类，中华鲟在近海生长发育，通常性成熟后经长江口上溯至葛洲坝下产卵场繁殖，产卵后降河洄游至河口区域，经短暂停留适应后进入东海及邻近海域索饵育肥，直至性腺发育达到 III 期方才再次进入长江中繁殖。中华鲟生活史的大部分时间都是在海洋中度过的，海洋是中华鲟最重要的自然资源储存库和育肥发育场所，对保持中华鲟性腺发育、防止中华鲟自然种群快速衰退发挥了重要作用。人工放流中华鲟洄游入海后，在海洋中的运行规律及分布范围如何？放流个体在海洋中的成活率如何？海洋环境如何影响中华鲟的生长？随着放流中华鲟的年龄逐渐增长，放流个体能否顺利达到性成熟并返回长江进行生殖洄游？这些问题的回答对于中华鲟物种的全生命周期研究和保护工作的有效开展具有重要指导意义。

中华鲟研究所已于 2021 年启动了"放流中华鲟海洋生活史研究"专项研究，项目计划采用超声波遥测技术和卫星遥测技术，对放流中华鲟在中国近海的分布运动规律、放流中华鲟在海洋的成活率及放流中华鲟返回长江参加自然繁殖等问题进行研究，对目前仍然属于认知空白的中华鲟海洋生活史进行系统研究，为进一步保护中华鲟野生群体提供更多技术资料。目前，中华鲟研究所已成功开展 4 批次中华鲟海洋放流调查工作，初步获取了中华鲟在长江口及近海区域的分布情况，但是系统性掌握中华鲟在海洋中索饵、越冬分布规律还为时尚早。建议从事中华鲟保护的相关单位加强合作，积极深入推进中华鲟海洋生活史研究工作，持续拓展中华鲟全生活史研究深度，为中华鲟物种保护工作添砖加瓦。

5.3　实施中华鲟监测设备研发

中华鲟在海洋中生活的时间占到整个生活史的 90% 以上，弄清中华鲟在海洋中的分布及其生境需求，对于评价中华鲟海洋生存现状、制定中华鲟针对性保护措施具有十分重要的意义。2015 年，原农业部就在《中华鲟拯救行动计划（2015—2030 年）》中明确指出"我国近海中华鲟的资源和分布状态尚不清楚，严重影响有关保护对策和措施的制定"。但中华鲟的广阔海洋分布范围给相关研究工作带来了极大的难度，研究人员在早期主要依靠沿海渔民的捕捞数据来推断中华鲟海洋分布范围，随着鱼类监测技术的发展，SAT 追踪方法已成为开展中华鲟海洋分布研究唯一有效的技术手段。但 SAT 的高使用成本和数据传输安全风险，在较大程度上阻碍了其在中华鲟海洋研究领域的应用。现阶段，SAT 的研发与生产基本由外国公司垄断，国内科研院所、高校和科技公司虽然具备技术开发及硬件生产能力，但缺乏有效的资源整合，SAT 的总体应用水平较低，技术研发模式仍处于初级的仿制阶段，尚无法形成 SAT 产品的软、硬件独立研发及生产能力，难以提供成熟的 SAT 产品。中华鲟研究所积极开展 SAT 等中华鲟监测设备的研发工作，启动并实施了"中远距离鱼类追踪标记研发与应用"专项研究工作。该项工作以北斗卫星导航系统为支撑，开展 SAT 的定位算法开发、产品硬件定制等自主研发工作，以实现北斗卫星导航系统在鱼类保护领域的落地应用，并通过降低卫星遥测技术应用成本、提高 SAT 产品性能，推动卫星遥测技术在中华鲟、长江鲟、江豚等珍稀动物保护领域的应用，以期为长江生态保护工作提供强有力的技术支撑。

参 考 文 献

曹文宣, 2008. 如果长江能休息: 长江鱼类保护纵横谈[J]. 中国三峡建设(12): 148-157.

柴毅, 2006. 中华鲟感觉器官的早期发育及其行为机能研究[D]. 武汉: 华中农业大学.

柴毅, 危起伟, 李罗新, 等, 2008. 中华鲟仔鱼的转食驯化[J]. 安徽农学通报, 14(17): 179, 203.

常剑波, 曹文宣, 1999. 中华鲟物种保护的历史与前景[J]. 水生生物学报, 23(6): 712-720.

陈锦辉, 庄平, 吴建辉, 等, 2011. 应用弹式卫星数据回收标志技术研究放流中华鲟幼鱼在海洋中的迁移与分布[J]. 中国水产科学, 18(2): 437-442.

陈细华, 朱永久, 刘鉴毅, 等, 2006. MS-222 对中华鲟和施氏鲟的麻醉试验[J]. 淡水渔业, 36(1): 39-42.

陈永柏, 2007. 三峡水库运行影响中华鲟繁殖的生态水文学机制及其保护对策研究[D]. 武汉: 中国科学院水生生物研究所.

邓中粦, 余志堂, 许蕴玕, 等, 1985. 中华鲟年龄鉴别和繁殖群体结构的研究[J]. 水生生物学报, 9(2): 99-110.

杜浩, 危起伟, 张辉, 等, 2015. 三峡蓄水以来葛洲坝下中华鲟产卵场河床质特征变化[J]. 生态学报, 35(9): 3124-3131.

段学花, 宋晓兰, 奚海明, 等, 2012. 江阴市河流底栖动物群落结构特征及其生物多样性[J]. 长江流域资源与环境, 21(S1): 46-50.

傅朝君, 刘宪亭, 鲁大椿, 等, 1985. 葛洲坝下中华鲟人工繁殖[J]. 淡水渔业(1): 1-5.

耿智, 冯广朋, 赵峰, 等, 2018. 超声波遥测在中华绒螯蟹产卵场研究中的应用[J]. 生态学杂志, 37(12): 3795-3801.

郭柏福, 常剑波, 肖慧, 等, 2011. 中华鲟初次全人工繁殖的特性研究[J]. 水生生物学报, 35(6): 940-945.

郭柏福, 朱滨, 万建义, 等, 2013. 人工驯养子一代中华鲟的血液生化特性[J]. 水产科学, 32(10): 573-578.

郭禹, 汤勇, 赵文武, 等, 2016. 基于小型声学标记的花尾胡椒鲷行为研究[J]. 上海海洋大学学报, 25(2): 282-290.

国家环境保护局, 1990. 渔业水质标准: GB 11607-1989[S]. 北京: 中国标准出版社.

何大仁, 蔡厚才, 1998. 鱼类行为学[M]. 厦门: 厦门大学出版社.

侯轶群, 邹璇, 姜伟, 等, 2019. 自然水体中超声波标记鱼游动轨迹精密确定算法[J]. 农业工程学报, 35(3): 182-188.

黄火林, 肖虎程, 2007. 松滋河分流演变发展趋势[J]. 人民长江, 38(6): 43-46.

黄琇, 余志堂, 1991. 中华鲟幼鱼食性研究[C]//长江水域资源、生态、环境与经济开发研究论文集. 北京: 科学出版社: 257-261.

柯福恩, 1999. 论中华鲟的保护与开发[J]. 淡水渔业, 29(9): 4-7.

柯福恩, 胡德高, 张国良, 1984. 葛洲坝水利枢纽对中华鲟的影响: 数量变动调查报告[J]. 淡水渔业(3): 16-19.

柯福恩, 危起伟, 张国良, 等, 1992. 中华鲟产卵洄游群体结构和资源量估算的研究[J]. 淡水渔业(4): 7-11.

李继龙, 王国伟, 杨文波, 等, 2009. 国外渔业资源增殖放流状况及其对我国的启示[J]. 中国渔业经济(3): 13.

李陆嫔, 黄硕琳, 2011. 我国渔业资源增殖放流管理的分析研究[J]. 上海海洋大学学报, 20(5): 765-772.

李罗新, 张辉, 危起伟, 等, 2011. 长江常熟溆浦段中华鲟幼鱼出现时间与数量变动[J]. 中国水产科学, 18(3): 611-618.

李思发, 2001. 长江重要鱼类生物多样性和保护研究[M]. 上海: 上海科学技术出版社.

廖小林, 朱滨, 常剑波, 2017. 中华鲟物种保护研究[J]. 人民长江, 48(11): 16-20, 35.

林永兵, 2008. 非繁殖季节中华鲟繁殖群体在长江中分布与降海洄游初步研究[D]. 武汉: 华中农业大学.

刘飞, 林鹏程, 黎明政, 等, 2019. 长江流域鱼类资源现状与保护对策[J]. 水生生物学报, 43(S1): 144-156.

刘鉴毅, 危起伟, 陈细华, 等, 2007. 葛洲坝下中华鲟繁殖生物学特征及其人工繁殖效果[J]. 应用生态学报, 18(6): 1397-1402.

刘金, 陈立, 周银军, 等, 2009. 三峡蓄水后宜昌河段河床演变分析[J]. 水运工程(11): 116-120.

刘景, 2019. 基于长短基线法的赛里木湖高白鲑(*Coregonus peled*)超声波标记跟踪研究[D]. 大连: 大连海洋大学.

罗刚, 庄平, 章龙珍, 等, 2008. 长江口中华鲟幼鱼的食物组成及摄食习性[J]. 应用生态学报, 19(1): 144-150.

罗宏伟, 段辛斌, 王生, 等, 2014. 手术植入虚假超声波发射器对草鱼的影响[J]. 应用生态学报, 25(2): 577-583.

骆辉煌, 2013. 中华鲟繁殖的关键环境因子及适宜性研究[D]. 北京: 中国水利水电科学研究院.

吕少梁, 2019. 鱼类标志放流技术优化[D]. 广州: 广东海洋大学.

毛翠凤, 庄平, 刘健, 等, 2005. 长江口中华鲟幼鱼的生长特性[J]. 海洋渔业, 27(3): 177-180.

农业农村部长江流域渔政监督管理办公室, 生态环境部长江流域生态环境监督管理局, 水利部长江水利委员会, 等, 2020. 长江流域水生生物资源及生境状况公报(2019 年)[R]. 北京: 中华人民共和国农业农村部.

欧阳军, 2002. 关于长江夜航问题(江苏段)的思考与对策[J]. 现代管理科学(8): 29-30.

邱如健, 王远坤, 王栋, 等, 2020. 三峡水库蓄水对宜昌-城陵矶河段水温情势影响研究[J]. 水利水电技术, 51(3): 108-115.

任玉芹, 王珂, 段辛斌, 等, 2010. 水声学探测在江河鱼类资源评估中的技术分析[J]. 渔业现代化, 37(2): 64-68.

四川省长江水产资源调查组, 1988. 长江鲟鱼类生物学及人工繁殖研究[M]. 成都: 四川科学技术出版社.

孙丽婷, 2018. 长江口中华鲟幼鱼的生长食性和遗传多样性研究[D]. 上海: 上海海洋大学.

陶江平, 乔晔, 杨志, 等, 2009. 葛洲坝产卵场中华鲟繁殖群体数量与繁殖规模估算及其变动趋势分析[J]. 水生态学杂志, 30(2): 37-43.

王彩理, 滕瑜, 刘丛力, 等, 2002. 中华鲟的繁育特性及开发利用[J]. 水产科技情报, 29(4): 174-176.

王玲浩, 李向龙, 2015. 三峡水库和长江宜昌段河道夏季日间水环境初步评价及对策分析[J]. 科技创新导报, 12(3): 111-114.

王成友, 2012. 长江中华鲟生殖洄游和栖息地选择[D]. 武汉: 华中农业大学.

王成友, 杜浩, 刘猛, 等, 2016. 厦门海域放流中华鲟的迁移和分布[J]. 中国科学: 生命科学, 46(3): 294-303.

王恒, 2014. 中华鲟子二代环境偏好性研究[D]. 武汉: 华中农业大学.

王继竹, 2016. 宜昌中小洪水及致洪降雨特征分析[C]// 第 33 届中国气象学会年会 S9 水文气象灾害预报预警. 北京: 中国气象学会: 181-194.

王者茂, 1986. 中华鲟在海中生活时期的食性初报[J]. 海洋渔业, 8(4): 160-161.

危起伟, 2020. 从中华鲟(*Acipenser sinensis*)生活史剖析其物种保护: 困境与突围[J]. 湖泊科学, 32(5): 1297-1319.

危起伟, 陈细华, 杨德国, 等, 2005. 葛洲坝截流24年来中华鲟产卵群体结构的变化[J]. 中国水产科学, 12(4): 452-457.

危起伟, 杜浩, 张辉, 等, 2019. 中华鲟保护生物学[M]. 北京: 科学出版社.

吴川, 朱佳志, 苏巍, 等, 2022. 弹出式卫星标记在海洋动物分布与迁移研究中的应用[J]. 水产学杂志, 35(2): 108-116.

吴建辉, 陈锦辉, 高春霞, 2021. 基于标志放流信息的长江口中华鲟降海洄游和分布特征[J]. 中国水产科学, 28(12): 1559-1567.

肖慧, 2012. 中华鲟保护研究探索历程[J]. 中国三峡(1): 22-29.

肖慧, 刘勇, 常剑波, 1999. 中华鲟人工繁殖放流现状评价[J]. 水生生物学报, 23(6): 572-576.

谢平, 2020. 我们能拯救长江中正在消逝的鲟鱼吗?[J]. 湖泊科学, 32(4): 899-914.

熊铧龙, 蒋左玉, 梁正其, 等, 2020. 杂交鲟(施氏鲟♀×西伯利亚鲟♂)早期生长研究[J]. 水产科学, 39(1): 124-128.

徐峰, 2007. 长江干线安庆至芜湖河段船舶定线制研究[D]. 南京: 河海大学.

徐会显, 江小青, 姜军, 2022. 松滋河河口段泥沙特征及潜在生态风险评价[J]. 水资源开发与管理, 8(4): 30-33, 3.

杨德国, 危起伟, 王凯, 等, 2005. 人工标志放流中华鲟幼鱼的降河洄游[J]. 水生生物学报, 29(1): 26-30.

杨吉平, 陈立侨, 刘健, 等, 2013. 人工放流 4 龄中华鲟盐度适应过程中血清生化指标的变化[J]. 大连海洋大学学报, 28(1): 67-71.

杨君兴, 潘晓赋, 陈小勇, 等, 2013. 中国淡水鱼类人工增殖放流现状[J]. 动物学研究, 34(4): 267-280.

杨宇, 2007. 中华鲟葛洲坝栖息地水力特性研究[D]. 南京: 河海大学.

姚德冬, 柴毅, 王毅, 等, 2015. 中华鲟外周血细胞的显微结构[J]. 长江大学学报(自然科学版), 12(21): 22-26, 80.

殷名称, 1995. 鱼类生态学[M]. 北京: 中国农业出版社.

于丹丹, 杨波, 李景保, 等, 2017. 近 61 年来长江荆南三口水系结构演变特征及其驱动因素分析[J]. 水资源与水工程学报, 28(4): 13-20.

余志堂, 许蕴玕, 邓中粦, 等, 1986. 葛洲坝水利枢纽下游中华鲟繁殖生态的研究[C]//鱼类学论文集(第五辑). 北京: 科学出版社: 1-14.

岳红艳, 赵占超, 吕庆标, 等, 2020. 长江中游宜都至松滋河口段近期河床演变分析[J]. 人民长江, 51(9): 1-5, 121.

查晓宗, 张彤晴, 方建清, 等, 2012. 长江江阴段监测点渔业资源监测与分析[J]. 水产养殖, 33(9): 15-18.

张崇良, 徐宾铎, 薛莹, 等, 2022. 渔业资源增殖评估研究进展与展望[J]. 水产学报, 46(8): 1509-1524.

张衡, 戴阳, 杨胜龙, 等, 2014. 基于分离式卫星标志信息的金枪鱼垂直移动特性[J]. 农业工程学报, 30(20): 196-203.

张慧杰, 杨德国, 危起伟, 等, 2007. 葛洲坝至古老背江段鱼类的水声学调查[J]. 长江流域资源与环境, 16(1): 86-91.

张珺, 2012. 分离式卫星标志放流中的通信问题研究[J]. 中国水运(下半月), 12(11): 54-56.

张书环, 杨焕超, 辛苗苗, 等, 2016. 长江江苏溆浦段 2015 年发现中华鲟野生幼鱼的形态和分子鉴定[J]. 中国水产科学, 23(1): 9.

张晓雁, 杜浩, 危起伟, 等, 2015. 养殖中华鲟的产后康复[J]. 水生生物学报, 39(4): 705-713.

赵道全, 陈杰, 周晓林, 等, 2002. 俄罗斯鲟稚幼鱼生长发育研究[J]. 淡水渔业, 32(1): 12-13.

赵峰, 庄平, KYNARD B, 等, 2010. 应用于中华鲟的 Pop-up 标志固定方法[J]. 动物学杂志, 45(5): 68-71.

赵峰, 庄平, 张涛, 等, 2015. 中华鲟幼鱼到达长江口时间新记录[J]. 海洋渔业, 37(3): 288-292.

赵峰, 王思凯, 张涛, 等, 2017. 春季长江口近海中华鲟的食物组成[J]. 海洋渔业, 39(4): 427-432.

赵峰, 庄平, 张涛, 等, 2018. 长江口中华鲟生物学与保护[M]. 北京: 中国农业出版社.

赵娜, 2006. 基于微卫星标记的中华鲟繁殖群体遗传学分析与人工繁殖对自然幼鲟群体的贡献评估[D]. 武汉: 中国科学院水生生物研究所.

赵燕, 黄锈, 余志堂, 1986. 中华鲟幼鱼现状调查[J]. 水利渔业(6): 38-41.

郑跃平, 刘健, 陈锦辉, 等, 2013. "狂游症"中华鲟幼鱼血液生化指标初步研究[J]. 淡水渔业, 43(5): 85-88.

中国长江三峡集团有限公司长江生态环境工程研究中心长江珍稀鱼类保育中心, 2021. 中华鲟声呐标记及监测技术规程: Q/CTG 380-2021[S]. 武汉: 中国长江三峡集团有限公司.

朱滨, 郑海涛, 乔晔, 等, 2009. 长江流域淡水鱼类人工繁殖放流及其生态作用[J]. 中国渔业经济, 27(2): 74-87.

庄平, 1999. 鲟科鱼类个体发育行为学及其在进化与实践上的意义[D]. 武汉: 中国科学院水生生物研究所.

庄平, 章龙珍, 张涛, 等, 1998. 史氏鲟南移驯养及生物学的研究 I: 1龄鱼的生长特性[J]. 淡水渔业, 28(4): 4.

庄平, 王幼槐, 李圣法, 等, 2006. 长江口鱼类[M]. 上海: 上海科学技术出版社.

KYNARD B, 危起伟, 柯福恩, 1995. 应用超声波遥测技术定位中华鲟产卵区[J]. 科学通报, 40(2): 172-174.

BARAS E, LAGARDÈRE J P, 1995. Fish telemetry in aquaculture: review and perspectives[J]. Aquaculture international, 3(2): 77-102.

BRIDGER C J, BOOTH R K, 2003. The effects of biotelemetry transmitter presence and attachment procedures on fish physiology and behavior[J]. Reviews in fisheries science, 11(1): 13-34.

BROELL F, TAYLOR A D, LITVAK M K, et al., 2016. Post-tagging behaviour and habitat use in shortnose sturgeon measured with high-frequency accelerometer and PSATs[J]. Anim biotelemetry, 4(11): 1-13.

CAMPANA S E, FISK A T, KLIMLEY A P, 2015. Movements of Arctic and northwest Atlantic Greenland sharks (*Somniosus microcephalus*) monitored with archival satellite pop-up tags suggest long-range migrations[J]. Deep Sea Research Part II Topical Studies in Oceanography, 115(5): 109-115.

EDWARDS R E, PARAUKA F M, SULAK K J, 2007. New insights into marine migration and winter habitat of Gulf sturgeon[J]. American Fisheries Society Symposium, 56: 183-196.

ERICKSON D L, KAHNLE A, MILLARD M J, et al., 2011. Use of pop-up satellite archival tags to identify oceanic-migratory patterns for adult Atlantic Sturgeon[J]. Journal of applied ichthyology, 27(2): 356-365.

GATTI P, DOMINIQUE R, JONATHAN A D FISHER, et al., 2020. Stock-scale electronic tracking of Atlantic halibut reveals summer site fidelity and winter mixing on common spawning grounds[J]. Journal of marine science, 77(7/8): 2890-2904.

GOLDMAN K J, ANDERSON S D, 1999. Space utilization and swimming depth of White Sharks (*Carcharodon carcharias*) at the South Farallon Islands Central California[J]. Environmental biology of fishes, 56(4): 351-364.

HELFMAN, GENE S, 1981. Twilight activities and temporal structure in a freshwater fish community[J]. Canadian journal of fisheries and aquatic sciences, 38(11): 1405-1420.

HONDA N, WATANABE T, MATSUSHITA Y, 2009. Swimming depths of the giant jellyfish Nemopilema nomurai investigated using pop-up archival transmitting tags and ultrasonic pingers[J]. Fisheries science, 75(4): 947-956.

HOU Y Q, ZOU X, TANG W M, et al., 2019. Precise capture of fish movement trajectories in complex environments via ultrasonic signal tag tracking-Science Direct[J]. Fisheries research, 219: 105307.

HUFF D D, LINDLEY S T, WELLS B K, et al., 2012. Green sturgeon distribution in the Pacific Ocean estimated from modeled oceanographic features and migration behavior[J]. PLoS One, 7(9): 45852.

JEPSEN N, KOED A, THORSTAD E B, et al., 2002. Surgical implantation of telemetry transmitters in fish: how much have we learned?[J]. Hydrobiologia, 483(1/3): 239-248.

KLIMLEY A P, VOEGELI F, BEAVERS S C, et al., 1998. Automated listening stations for tagged marine fishes[J]. Marine technology journal, 32(1): 94-101.

LUCAS M C, BARAS E, 2001. Methods for studying spatial behaviour of freshwater fishes in the natural environment[J]. Fish and fisheries, 1(4): 283-316.

PRIEDE I G, 1994. Wild life telemetry: remote monitoring and tracking of animals[J]. Reviews in fish biology and fisheries, 4(2): 265-266.

SCHRAM S T, LINDGREN J, EVRARD L M, 1999. Reintroduction of lake sturgeon in the St. Louis River, Western Lake Superior[J]. North American journal of fisheries management, 19(3):

815-823.

SECOR D H, NIKLITSCHEK E J, STEVENSON J T, et al., 2000. Dispersal and growth of yearling Atlantic sturgeon, *Acipenser oxyrinchus*, released into Chesapeake Bay[J]. Fishery bulletin, 98(4): 800-810.

SEPULVEDA C A, HEBERER C, AALBERS S A, et al., 2015. Post-release survivorship studies on common thresher sharks(*Alopias vulpinus*) captured in the southern California recreational fishery[J]. Fisheries research, 161: 102-108.

THOREAU X, BARAS E, 1997. Evaluation of surgery procedures for implanting telemetry transmitters into the body cavity of blue tilapia Oreochromis aureus[J]. Aquatic living resources, 10(4): 207-211.

VASILYEVA L M, ELHETAWY A I G, SUDAKOVA N V, et al., 2019. History current status and prospects of sturgeon aquaculture in Russia[J]. Aquaculture research, 50(4): 979-993.

WAGNER G N, COOKE S J, 2005. Methodological approaches and opinions of researchers involved in the surgical implantation of telemetry transmitters in fish[J]. Journal of aquatic animal health, 17(2): 160-169.

WATANABE Y Y, WEI Q, DU H, et al., 2013. Swimming behavior of Chinese sturgeon in natural habitat as compared to that in a deep reservoir: preliminary evidence for anthropogenic impacts[J]. Environmental biology of fishes, 96(1): 123-130.

WOODWARD B, BATEMAN S C, 1994. Diver monitoring by ultrasonic digital data telemetry[J]. Medical engineering & physics, 16(4): 278-286.

WU C, CHEN L, GAO Y, et al., 2017. Seaward migration behavior of juvenile second filial generation Chinese sturgeon *Acipenser sinensis* in the Yangtze River, China[J]. Fisheries science, 84(1): 1-8.

YEISER B, HEUPEL M, SIMPFENDORFER C, 2008. Occurrence, home range and movement patterns of juvenile bull (*Carcharhinus leucas*) and lemon (*Negaprion brevirostris*) sharks within a Florida estuary[J]. Marine and freshwater research, 59(6): 489-501.

YU D, SHEN Z Y, CHANG T, et al., 2021. Using environmental DNA methods to improve detectability in an endangered sturgeon (*Acipenser sinensis*) monitoring program. BMC ecology and evolution, 21(1): 216.

ZHOU X F, CHEN L, YANG J, et al., 2020. Chinese sturgeon needs urgent rescue[J]. Science, 370(6521): 1175.

ZHUANG P, KYNARD B, ZHANG L, et al., 2002. Ontogenetic Behavior and Migration of Chinese Sturgeon, *Acipenser sinensis*[J]. Environmental biology of fishes, 65(1): 83-97.

附　图

附图 1　中华鲟研究所旧貌换新颜

(a) 1993 年，原葛洲坝三三〇工程局水产处正式更名为中华鲟研究所，该图为位于宜昌市夷陵区黄柏河河心岛上的中华鲟研究所；
(b) 2020 年，中华鲟研究所搬迁至三峡工程右岸的三峡珍稀鱼类保育中心，不远处就是举世瞩目的三峡大坝。汤伟供图

附图 2　湖北省宜昌江段开展的中华鲟放流活动

附图 3 黄颡鱼胃内的中华鲟卵

葛洲坝大江江段、黄颡鱼的胃中隐约可见大量中华鲟卵，基本处于半消化状态。黄涛供图

附图 4　部分工作场景

（a）开展中华鲟体外挂标试验；（b）现场读取并下载声呐接收机信号数据；（c）监测设备的标识牌；
（d）现场进行水环境监测；（e）进行沿江渔获物调查；（f）在长江湖北宜昌中华鲟省级自然保护区护行区岸线环境考察

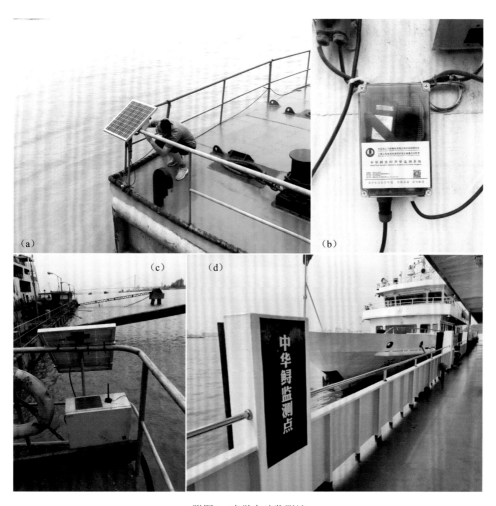

附图5　声学自动监测站

（a）升级后的自动监测站结构简单，便于安装；（b）自动监测站的数据实时传输设备；
（c）早期的自动监测站体积较大，集成度低；（d）自动监测站一般设置在长江干流公务趸船上

附图6　长江中下游不同江段的岸线特征

（a）湖北省宜昌市长江干流罗家河江段，两岸植被茂盛，航船数量多；（b）4～5月，长江与清江交汇处，江中出现洲滩，为长江"四大家鱼"集中产卵水域；（c）4月，松滋河干流戴家渡江段几近淤塞，河面极窄；（d）4～5月，长江与藕池河的交汇口，右侧已完全淤积；（e）湖北省嘉鱼县长江干流燕窝镇江段，部分江段出现岸坡崩塌，形成河湾、沙滩等地形；（f）江西省彭泽县长江干流的小孤山水域，江面宽度缩减至600 m；（g）滩涂上捕捞野生鳗鱼苗的定置张网；（h）在江苏省江阴长江大桥以下江段，左岸多为潮间带滩涂

附图 7 手术团队合影

从左至右依次为曾庆凯、邵星晨、李莎、杜合军、朱佳志、李博、苏巍

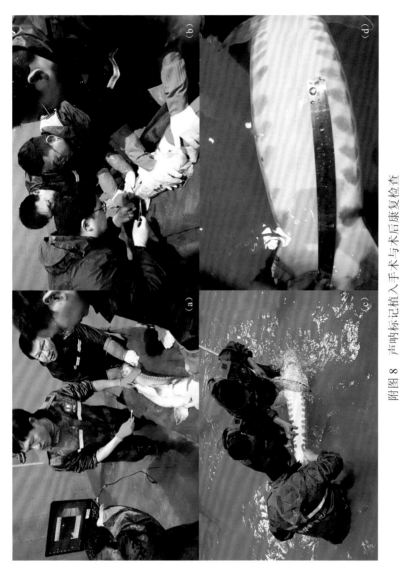

附图 8　声呐标记植入手术与术后康复检查

(a) 手术前进行内窥镜检查，确定中华鲟雌雄性别；(b) 声呐标记植入中华鲟腹腔后，进行伤口缝合；

(c) 对手术个体进行康复检查；(d) 术后 3 个月，手术伤口完全愈合

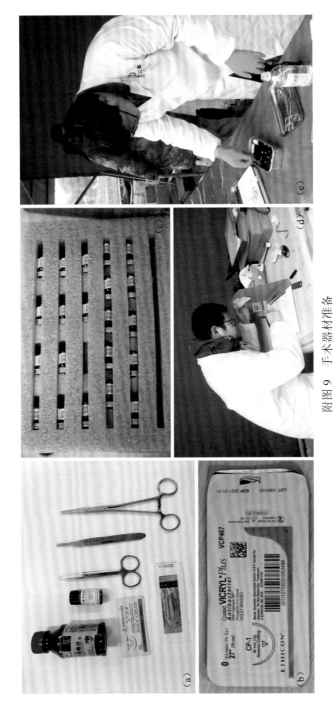

附图 9　手术器材准备

(a) 部分手术器械及药品；(b) 常用的可吸收缝线；(c) 待植入的声呐标记；
(d) 手术前进行标记信息核对；(e) 手术器械及声呐标记消毒

附图 10　沿江救助中华鲟

(a) 2022 年 4 月 28 日，在湖北省宜昌市长江干流高坝洲镇水域发现一尾野生雌性中华鲟；(b) 2022 年江苏省太仓市长江干流江段发现一尾放流中华鲟；(c) 中华鲟研究所黄柏河基地车间内，正在转运受伤中华鲟；(d) 2020 年安徽省芜湖市长江干流江段发现一尾死亡中华鲟幼鱼，中华鲟研究所工作人员对其进行解剖；(e) 2021 年安徽省芜湖市长江干流江段发现一尾死亡中华鲟，经鉴定，确认为当年放流个体